어떤 문제도 해결하는
사고력 수학 문제집

박학다식
문해력
수학

사고력+문해력 융합
수학 학습 프로그램

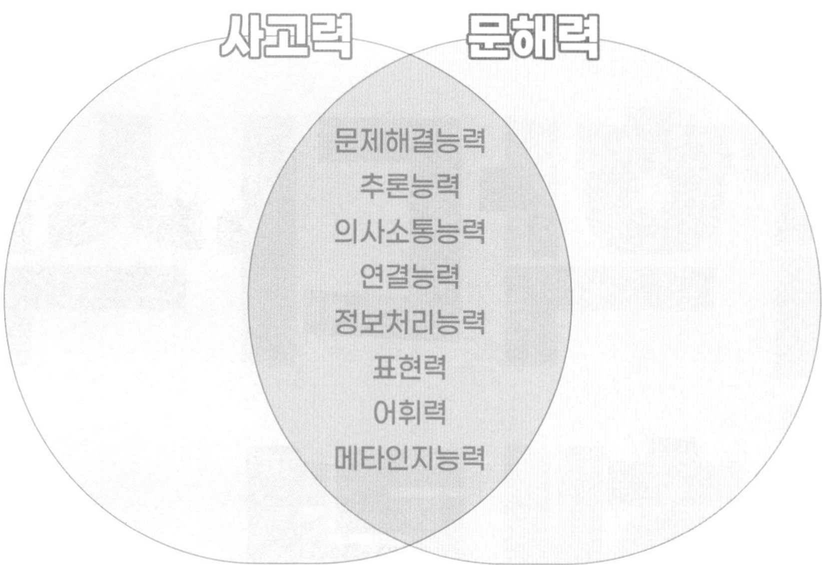

발행처 비아에듀 | 지은이 최수일·문해력수학연구팀 | 발행인 한상준 | 초판 1쇄 발행일 2023년 12월 22일
편집 김민정·강탁준·최정휴·손지원·허영범 | 기획 자문 박일(수학체험연구소장) | 삽화 김영화 | 디자인 조경규·김경희·이우현·문지현
주소 서울시 마포구 월드컵북로6길 97 | 전화 02-334-6123 | 홈페이지 viabook.kr

문해력이 수학 실력을 좌우합니다

지능 검사는 5개 영역에서 이루어집니다. 어휘적용, 언어추리, 산수추리, 수열추리, 도형추리입니다. 이 중에서 수학 실력과 가장 밀접한 상관관계를 갖는 영역은 무엇일까요? 많은 연구 결과, 수학과 직접적인 관계가 있는 산수추리나 수열추리, 도형추리보다 어휘적용과 언어추리가 수학 실력과의 상관관계가 더 높은 것으로 나타났습니다. '어휘적용'과 '언어추리'가 무엇일까요? 바로 문해력입니다. 문해력이 수학 실력을 좌우합니다.

문해력은 무엇일까요? 문해력은 글을 읽고 의미를 파악하고 이해하는 능력뿐만 아니라 중요한 정보나 사실을 찾고 연결하는 능력이며, 실생활에서 맞닥뜨리는 상황을 이해하고 해결하는 능력입니다. 이는 수학에서 요구하는 역량과도 맞닿아 있습니다. 2024년부터 적용되는 새로운 수학 교육과정은 문제해결, 추론, 의사소통, 연결, 정보처리의 5대 교과 역량을 기반으로 구성됩니다. 또한, 최근 세계적으로 우수한 인재를 위한 교육 프로그램으로 인정받고 있는 IB(International Baccalaureate) 프로그램에서도 사고력을 키워주는 역량 중심의 교육과정을 지향하고 있습니다. 초등수학 IB 프로그램은 위에서 언급한 역량을 키우기 위해 서술형, 논술형 문제를 통해 설명하기(프리젠테이션)와 글쓰기 공부를 강조하고 있습니다.

지식과 정보가 폭발적으로 증가하는 사회에 능동적으로 대응할 수 있는 역량을 갖추는 공부가 절실히 필요한 때입니다. 수학 개념을 정확하고 논리적으로 설명할 줄 아는 공부야말로 미래를 준비하고, 대처할 수 있는 능력을 키워 줄 수 있습니다. 『박학다식 문해력 수학』은 수학 교육과정에서 요구하는 5대 역량과 '설명하기'를 통해 학생이 개념을 충분히 인지하였는지를 알 수 있는 메타인지능력, 그리고 문해력을 동시에 키울 수 있는 교재입니다.

이 책과 함께 성장하는 여러분의 미래를 응원합니다.

박학다식 문해력 수학 사용설명서

step 1

내비게이션

교과서의 교육과정과
학습 주제를 확인해 보세요.
문제에 집중하다 보면
길을 잃기도 하거든요.
내가 공부하고 있는 위치를
확인하는 습관을 지녀보세요.

02 자연수의 혼합 계산

괄호가 있는 자연수의 혼합 계산

128°?
상상이
안 돼요.

지구상에서
가장 더운 곳, 미국
데스밸리의 온도가
화씨 128°까지
치솟았습니다.

CAUTION
EXTREME
HEAT
DANGER

128°는
섭씨온도와는
다른 화씨온도라서
그렇단다.

맞아.
(128−32)×5÷9를
괄호부터 계산하면
섭씨온도를 구할 수
있어.

만화

만화는 뒤에 나오는
'수학 문해력'과 연결이 돼요. 만화를 보며 해당 학습 주제에 대해 상상해 보세요.
그리고 이 주제를 '왜' 배워야 하는지 생각해 보세요.

30초 개념

수학은 '뜻(정의)'과 '성질'이
중요한 과목입니다.
꼭 알아야 할 핵심만
정리해 한눈에 개념을
이해할 수 있어요.

개념연결

수학의 개념은 전 학년에 걸쳐
모두 연결되어 있어요. 지금
배우는 개념이 이해가 되지
않는다면 이전 개념으로 돌아가
다시 확인해 보세요. 그리고 다음에는 어떤 개념으로 연결되는지도 꼭 확인하세요.

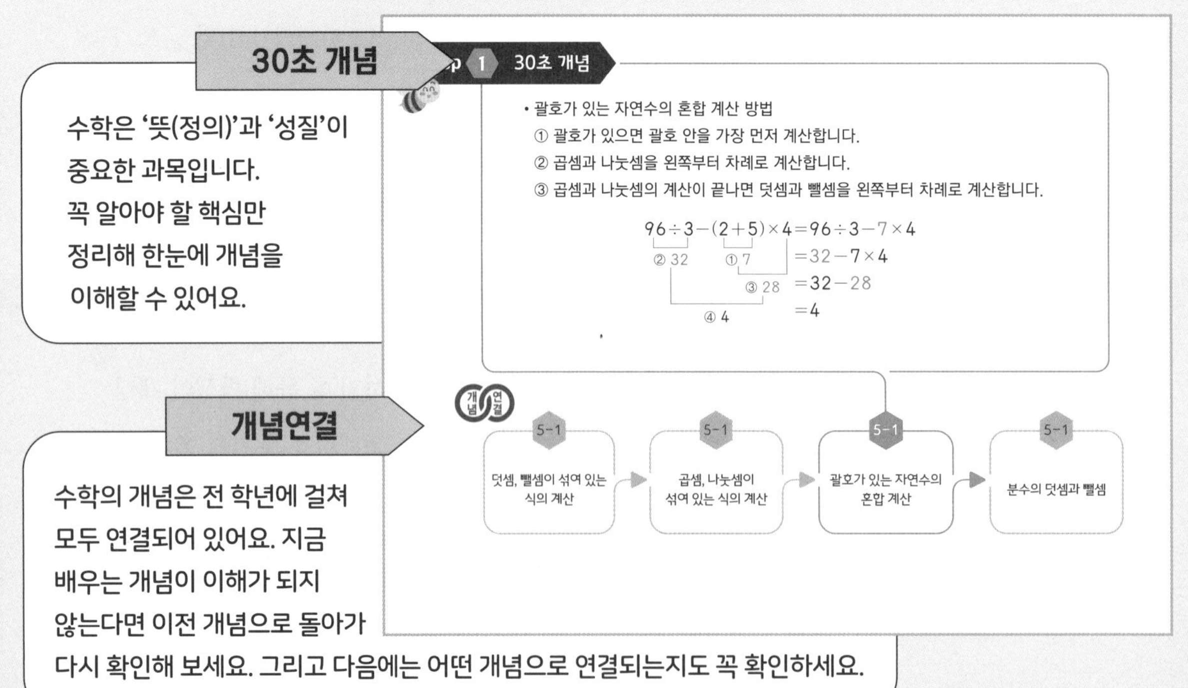

step 2

매일 한 주제씩 꾸준히 공부하는 습관을 키워 보세요.
'빨리'보다는 '정확하게' 학습 내용을 이해하는 것이 중요합니다.

공부한 날 월 일

step 2 설명하기

질문 ❶ 31−(12+8)을 계산하고 그 계산 순서를 설명해 보세요.

설명하기

$$31-(12+8)=31-20=11$$

① ②

먼저 계산해야 할 부분을 ( )로 묶었기 때문에 괄호가 있는 식에서는 괄호 안을 먼저 계산합니다.

질문 ❷ 96÷3−(2+5)×4를 계산하고 그 계산 순서를 설명해 보세요.

$$96\div3-(2+5)\times4=96\div3-7\times4$$
$$=32-7\times4$$
$$=32-28$$
$$=4$$

① 먼저 괄호 안의 덧셈 2+5=7을 계산합니다.
② 다음에 나눗셈 96÷3=32를 계산합니다.
③ 다음에 곱셈 7×4=28을 계산합니다.
④ 마지막으로 뺄셈 32−28=4를 계산합니다.

꿀팁

계산 순서를 다르게 하면 계산 결과도 달라지기 때문에 반드시 이 순서를 지켜야 합니다.

설명하기

'30초 개념'을 질문과 설명의 형식으로 쉽고 자세하게 풀어놨어요.

• 이렇게 공부해 보세요!
1. 무엇을 묻는 질문인지 이해한다.
2. '설명하기'를 소리 내어 읽는다.
3. 친구에게 설명한다.
4. 손으로 직접 써서 정리한다.

이 과정을 거치게 되면 초등수학의 모든 개념을 정복할 수 있어요.

step 3-4

step 3 개념 연결 문제

1 (　)가 없어도 계산 결과가 같은 식을 모두 골라 기호를 써 보세요.

㉠ 32−(7+8)
㉡ 24+(13−6)
㉢ 11×(10÷5)
㉣ 56÷(2×4)

(　　　　　)

2 계산이 처음으로 잘못된 곳을 찾아 기호를 쓰고, 식을 바르게 고쳐 보세요.

32−7×2+12=25×2+12 ㉠
=50+12 ㉡
=62 ㉢

(　　　　　)

바르게 고친 식 ____________

3 계산 결과를 비교하여 ◯ 안에 >, =, <를 알맞게 써넣으세요.

(1) 15+3×2 ◯ 15+(3×2)
(2) (20+12)÷4 ◯ 20+12÷4
(3) 48÷6×2 ◯ 48÷(6×2)
(4) 15−7×2 ◯ (15−7)×2

개념 연결 문제

앞에서 다루었던 개념과
그 성질이 들어 있는 문제들입니다.
문제를 많이 푸는 것보다 개념을 묻는
문제를 푸는 것이 중요해요.
어떤 문제를 만나도 풀 수 있다는
자신감을 가지게 될 거예요.

4 계산해 보세요.

(1) 15×4−(18÷2)　　(2) 30÷(5+10)×5

(3) 75÷(22+3)−1　　(4) (27−2)÷5+16

5 계산 결과가 작은 것부터 순서대로 기호를 써 보세요.

㉠ (80÷4−20)×5
㉡ 20×(3+5)+30÷6
㉢ 99÷(6+5)−2×3

(　　　　　)

6 2개의 식을 하나로 나타내어 보세요.

• 17+3=20
• 100÷20=5

➡ ____________

step 4 도전 문제

7 식이 성립하도록 (　)로 묶어 보세요.

36 ÷ 3 × 4 = 3

8 □안에 알맞은 자연수를 모두 구해 보세요.

10÷2×3<□<80÷(32−28)

(　　　　　)

도전 문제

문장제 문제와
사고력과 추론이 필요한
심화 문제예요.
배운 개념을 토대로
꼼꼼히 생각해 보세요.
개념이 연결되는 문제이기 때문에
충분히 해결할 수 있어요.

step 5

섭씨 성을 가진 천문학자와 화씨 성을 가진 물리학자

온도를 나타내는 단위에는 섭씨(°C)와 화씨(°F)가 있다. 섭씨와 화씨는 어떤 차이가 있고, 왜 이런 이름이 붙었을까?

섭씨(°C)는 우리나라에서 사용하는 온도 단위이자 전 세계 많은 나라의 표준 온도 단위로, 물의 어는점을 0°C, 끓는점을 100°C로 정한 다음 그 사이를 100등분 한 것이다. 예를 들어, 물 온도 20°C는 얼음이 녹는 온도보다 20°C 높은 온도를 말한다. 스웨덴의 천문학자 안데르스 셀시우스(Anders Celsius)가 발명했기 때문에 셀시우스(Celsius)의 C를 따서 °C라고 표기한다. 그런데 우리나라에서는 왜 섭씨라고 부를까? 셀시우스를 중국어로 섭이사(攝爾思)라고 쓰기 때문에 그 첫 자를 따서 섭씨가 만든 온도, 섭씨온도라고 부르게 된 것이다.

화씨(°F)는 주로 미국에서 사용하는 온도 단위로, 물의 어는점을 32°F, 끓는점을 212°F로 정한 다음 그 사이를 180등분 한 것이다. 독일의 물리학자 다니엘 가브리엘 파렌하이트(Daniel Gabriel Fahrenheit)가 생각해 낸 온도 단위이기 때문에 파렌하이트(Fahrenheit)의 F를 따서 °F라고 표기한다. 화씨 역시 중국어로 파렌하이트를 화륜해(華倫海)라고 쓰기 때문에 그 첫 자를 따서 화씨가 만든 온도, 화씨온도라고 부르게 된 것이다.

섭씨와 화씨는 온도를 숫자로 나타내는 기준이 서로 다른데, 같은 온도를 섭씨로 읽을 때보다 화씨로 읽을 때 그 숫자가 더 크다. 온도가 어느 정도인지 이해하기 위해서는 화씨온도를 섭씨온도로 바꿀 줄 알아야 하는데, 화씨온도에서 32를 뺀 수에 5를 곱하고 9로 나누면 섭씨온도를 구할 수 있다.

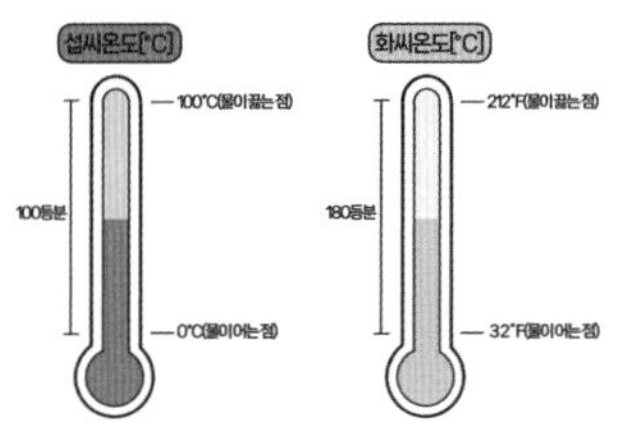

수학 문해력 기르기

설명문, 논설문, 신문 기사, 동화, 만화 등 다양한 분야의 읽을거리를 읽어 보세요. 긴 문장을 읽고 문제의 핵심을 파악하는 능력을 기를 수 있어요.

1 온도를 나타내는 단위 2가지를 고르세요. (　　　)

① cm　② °C　③ kg　④ °F　⑤ mm

2 섭씨온도에서 물이 끓는 점은? (　　　)

① 0°　② 20°　③ 32°　④ 100°　⑤ 212°

3 화씨온도에서 물이 어는 점은? (　　　)

① 0°　② 20°　③ 32°　④ 100°　⑤ 212°

4 같은 온도를 섭씨온도와 화씨온도로 읽을 때 어떤 온도의 숫자가 더 큰가요?

(　　　　　　)

5 77°F를 섭씨온도로 바꾸는 식을 하나로 쓰고 계산해 보세요.

식 ______________________

답 ______________

읽을거리 안에는 앞서 배운 개념을 묻는 문제가 있어요. 문제를 푸는 과정에서 어휘력과 독해력을 키우고, 읽을거리에 담겨 있는 지식과 정보도 얻을 수 있답니다. 수학 개념과 읽기 능력, 두 마리 토끼를 잡아 보세요.

초등 5-1단계

1단원 | 자연수의 혼합 계산

01 덧셈, 뺄셈, 곱셈, 나눗셈이 섞여 있는 식의 계산 • 영수증 • 10

02 괄호가 있는 자연수의 혼합 계산 • 섭씨 성을 가진 천문학자와 화씨 성을 가진 물리학자 • 16

2단원 | 약수와 배수

03 약수 • 할리갈리 • 22

04 배수 • 버스 시간표 • 28

05 공약수와 최대공약수 • 배드민턴 라켓 만들기 • 34

06 공배수와 최소공배수 • 60갑자 • 40

3단원 | 규칙과 대응

07 두 양 사이의 관계 • 카네이션 • 46

08 대응 관계를 식으로 나타내기 • 세계 여러 나라의 시각이 다른 이유 • 52

4단원 | 약분과 통분

09 **크기가 같은 분수** • 음표와 음의 길이 • 58

10 **약분** • 초콜릿 소동 • 64

11 **통분과 분수의 크기 비교** • 도미노 분수 놀이 • 70

12 **분수와 소수의 크기 비교** • 맛있는 요리를 위한 계량 도구 • 76

5단원 | 분수의 덧셈과 뺄셈

13 **진분수의 덧셈** • 무지개탑 만들기 • 82

14 **대분수의 덧셈** • 비빔장 만들기 • 88

15 **진분수의 뺄셈** • 어항 물갈이 • 94

16 **대분수의 뺄셈** • 물의 증발 • 100

6단원 | 다각형의 둘레와 넓이

17 **다각형의 둘레** • 5대 궁궐 걷기 프로그램 • 106

18 **넓이의 단위와 직사각형의 넓이** • 테트라스퀘어 • 112

19 **1 m^2와 1 km^2 단위** • 농구장의 규격 • 118

20 **평행사변형의 넓이** • 도시 개발 사업 • 124

21 **삼각형의 넓이** • 지붕 • 130

22 **마름모의 넓이** • 아가일 무늬 • 136

23 **사다리꼴의 넓이** • 원근법 • 142

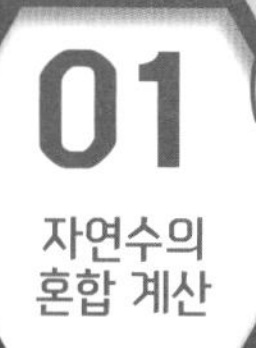

01

자연수의 혼합 계산

덧셈, 뺄셈, 곱셈, 나눗셈이 섞여 있는 식의 계산

step 1 30초 개념

• 덧셈, 뺄셈, 곱셈, 나눗셈이 섞여 있는 식의 계산 방법

① 먼저 곱셈과 나눗셈을 왼쪽부터 차례로 계산합니다.

② 곱셈과 나눗셈의 계산이 끝나면 덧셈과 뺄셈을 왼쪽부터 차례로 계산합니다.

$$800 \div 4 - 12 + 30 \times 2 = 200 - 12 + 30 \times 2$$
$$= 200 - 12 + 60$$
$$= 188 + 60$$
$$= 248$$

① 200 ② 60 ③ 188 ④ 248

개념 연결

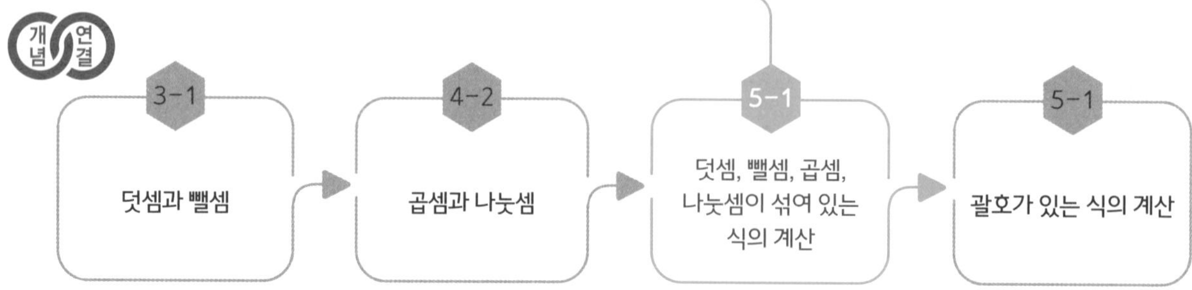

공부한 날 월 일

step 2 설명하기

질문 ❶ 21－16＋5를 계산하고 그 방법을 순서대로 설명해 보세요.

설명하기

$$21-16+5=5+5=10$$

① $21-16$ ② $5+5$

덧셈과 뺄셈이 섞여 있는 식을 오른쪽부터 계산하면 결과가 다르기 때문에 왼쪽부터 계산해야 합니다.

$$21-16+5=21-21=0\ (\times)$$

① $16+5$ ② $21-21$

질문 ❷ 12＋8×5÷4－7을 계산하고 그 방법을 순서대로 설명해 보세요.

설명하기

$$12+8\times5\div4-7=12+40\div4-7$$
$$=12+10-7$$
$$=22-7$$
$$=15$$

① 먼저 곱셈 8×5＝40를 계산합니다.
② 다음에 나눗셈 40÷4＝10을 계산합니다.
③ 이제 덧셈 12＋10＝22를 계산합니다.
④ 마지막으로 뺄셈 22－7＝15를 계산합니다.

계산 순서를 다르게 하면 계산 결과도 달라지기 때문에 반드시 이 순서를 지켜야 합니다.

1 가장 먼저 계산해야 하는 부분에 ○표 해 보세요.

(1) $52-34+15$

(2) $60\div5\times3$

(3) $52-12\times3+20$

(4) $44-8\times3+12\div6$

2 보기 와 같이 계산 순서를 나타내고 계산해 보세요.

보기

$28+14\div7-15=28+2-15$
$=30-15$
$=15$

① ② ③

(1) $14-5+8$

(2) $84\div12\times3$

(3) $13+14\div7-7$

(4) $20+15\div3-6\times3$

3 다음 설명하는 글을 하나의 식으로 나타내고 계산해 보세요.

47에서 3과 5의 곱을 뺀 후 11을 더한 수

식 ______________________

답 ______________

4 네 개의 식을 하나로 나타내어 보세요.

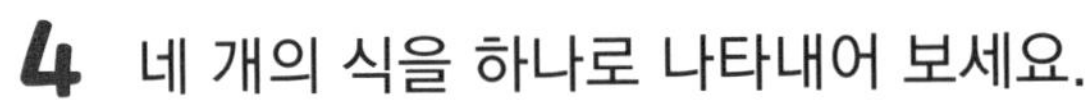

$7 \times 8 = 56$
$40 \div 2 = 20$
$56 - 20 = 36$
$36 + 4 = 40$

➡ ______________________

5 색종이가 한 묶음에 10장씩 들어 있습니다. 25명의 친구에게 4장씩 나누어 주어야 한다면 색종이는 몇 묶음이 필요한지 하나의 식으로 나타내고 구해 보세요.

식 ______________________

답 ______________________

step 4 도전 문제

6 □ 안에 알맞은 자연수를 모두 구해 보세요.

$5 < 14 + 22 \div 11 - \square < 10$

(　　　　　　　　)

7 3장의 수 카드를 모두 한 번씩만 사용하여 계산 결과가 가장 큰 식을 만들려고 합니다. □ 안에 알맞은 수를 써넣으세요.

3　6　8

$\square + 13 \times \square - \square$

영수증

우리는 편의점, 미용실, 음식점 등에서 물건을 사거나 서비스를 받은 다음 돈을 지급하고 영수증을 받는다. 이 영수증은 어떤 역할을 할까?

먼저, 영수증은 소비자*가 구매한 내용을 확인할 수 있도록 도와준다. 구매한 상품이나 서비스가 무엇인지, 단가가 얼마인지, 얼마나 많이 구매했는지, 총금액이 얼마인지 알려 주는 것이다. 이 밖에도 영수증을 보면 지불한 총금액 중 세금이 얼마인지, 현금으로 지급하는 경우 거스름돈이 얼마인지 알 수 있다.

또, 영수증은 소비자를 보호해 주는 역할을 한다. 우리가 상품을 구매하고 나서, 교환, 환불, 수리가 필요할 때 영수증은 증거 자료가 된다. 영수증에는 보통 판매 일자가 나와 있으므로 무료로 수리를 받을 수 있는 보증 기간을 영수증에서 확인할 수 있는 것이다.

이처럼 영수증은 소비자에게 구매 내용과 결제 정보를 제공할 뿐만 아니라, 소비자 보호에서도 중요한 역할을 한다. 따라서 소비자 자신의 이익을 위해서 영수증을 확인하는 습관을 갖고, 상품에 이상이 없는지 확인할 때까지 잘 보관해야 할 것이다.

MR 편의점

매장명: MR 편의점
전화번호: *** - *** - ****
주소: 서울특별시 *** ****
담당자: 오전 포스NO: 01
판매일자: 2023-12-08 10:30:59 영수NO: 0061

[상품명]	[수량]	[단가]	[금액]
컵라면	1	1500	1500
생수	3	900	□
삼각김밥	4	1000	△
총합계			☆
카드			

카드번호: 1234-5678-9101112
거래구분: 일시불
매입사명: 비아카드

* **소비자**: 물건이나 서비스를 구매하여 재화를 소비하는 사람

1 영수증의 기능으로 틀린 것은? (   )

① 소비자가 구매한 물건이나 서비스의 총금액을 알려 준다.
② 소비자가 구매한 물건이나 서비스의 단가를 알려 준다.
③ 소비자가 구매한 날짜를 알려 준다.
④ 소비자가 구매를 계획한 날짜를 알려 준다.
⑤ 소비자가 구매한 물건의 수량을 알려 준다.

[2～5] 이 글에 나오는 영수증을 보고 물음에 답하세요.

2 물건을 구매한 매장의 이름은? (   )

① MR미용실 ② MR편의점 ③ MR카페
④ MR서점 ⑤ MR음식점

3 영수증에서 □에 들어갈 수를 계산해 보세요.

식 ______________________

답 ______________

4 영수증에서 △에 들어갈 수를 계산해 보세요.

식 ______________________

답 ______________

5 영수증에서 ☆에 들어갈 수는 얼마인지 하나의 식으로 나타내어 계산해 보세요.

식 ______________________

답 ______________

02 자연수의 혼합 계산

괄호가 있는 자연수의 혼합 계산

step 1 30초 개념

• 괄호가 있는 자연수의 혼합 계산 방법

① 괄호가 있으면 괄호 안을 가장 먼저 계산합니다.

② 곱셈과 나눗셈을 왼쪽부터 차례로 계산합니다.

③ 곱셈과 나눗셈의 계산이 끝나면 덧셈과 뺄셈을 왼쪽부터 차례로 계산합니다.

$$96 \div 3 - (2+5) \times 4 = 96 \div 3 - 7 \times 4$$
$$= 32 - 7 \times 4$$
$$= 32 - 28$$
$$= 4$$

① 7 ② 32 ③ 28 ④ 4

개념 연결

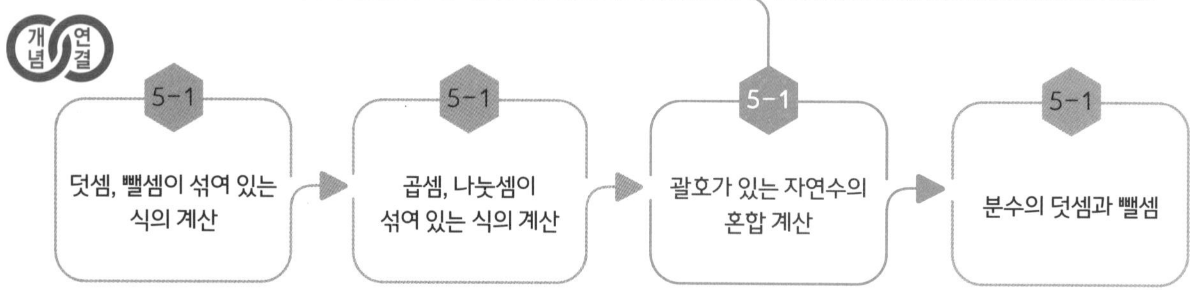

공부한 날 월 일

step 2 설명하기

질문 ❶ 31−(12+8)을 계산하고 그 계산 순서를 설명해 보세요.

설명하기

$$31-(12+8)=31-20=11$$

① $12+8$, ② $31-20$

먼저 계산해야 할 부분을 (　　)로 묶었기 때문에 괄호가 있는 식에서는 괄호 안을 먼저 계산합니다.

질문 ❷ 96÷3−(2+5)×4를 계산하고 그 계산 순서를 설명해 보세요.

설명하기

$$96\div3-(2+5)\times4=96\div3-7\times4$$
$$=32-7\times4$$
$$=32-28$$
$$=4$$

① 먼저 괄호 안의 덧셈 2+5=7을 계산합니다.
② 다음에 나눗셈 96÷3=32를 계산합니다.
③ 다음에 곱셈 7×4=28을 계산합니다.
④ 마지막으로 뺄셈 32−28=4를 계산합니다.

계산 순서를 다르게 하면 계산 결과도 달라지기 때문에 반드시 이 순서를 지켜야 합니다.

step 3 개념 연결 문제

1 (　　)가 없어도 계산 결과가 같은 식을 모두 골라 기호를 써 보세요.

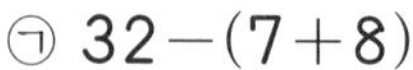

㉠ $32-(7+8)$
㉡ $24+(13-6)$
㉢ $11\times(10\div5)$
㉣ $56\div(2\times4)$

(　　　　　　　　　)

2 계산이 처음으로 잘못된 곳을 찾아 기호를 쓰고, 식을 바르게 고쳐 보세요.

$$\begin{aligned}32-7\times2+12&=\underline{25\times2+12} \quad ㉠\\&=\underline{50+12} \quad ㉡\\&=\underline{62} \quad ㉢\end{aligned}$$

(　　　　　　　　　)

바르게 고친 식 ______________________

3 계산 결과를 비교하여 ○ 안에 >, =, <를 알맞게 써넣으세요.

(1) $15+3\times2$ ○ $15+(3\times2)$

(2) $(20+12)\div4$ ○ $20+12\div4$

(3) $48\div6\times2$ ○ $48\div(6\times2)$

(4) $15-7\times2$ ○ $(15-7)\times2$

4 계산해 보세요.

(1) $15\times4-(18\div2)$　　(2) $30\div(5+10)\times5$

(3) $75\div(22+3)-1$　　(4) $(27-2)\div5+16$

5 계산 결과가 작은 것부터 순서대로 기호를 써 보세요.

㉠ $(80\div4-20)\times5$
㉡ $20\times(3+5)+30\div6$
㉢ $99\div(6+5)-2\times3$

(　　　　　　)

6 2개의 식을 하나로 나타내어 보세요.

- $17+3=20$
- $100\div20=5$

➡ ______________________

step 4 도전 문제

7 식이 성립하도록 (　)로 묶어 보세요.

$$36\div3\times4=3$$

8 □ 안에 알맞은 자연수를 모두 구해 보세요.

$10\div2\times3<\square<80\div(32-28)$

(　　　　　　)

섭씨 성을 가진 천문학자와 화씨 성을 가진 물리학자

온도를 나타내는 단위에는 섭씨(°C)와 화씨(°F)가 있다. 섭씨와 화씨는 어떤 차이가 있고, 왜 이런 이름이 붙었을까?

섭씨(°C)는 우리나라에서 사용하는 온도 단위이자 전 세계 많은 나라의 표준 온도 단위로, 물의 어는점을 0°C, 끓는점을 100°C로 정한 다음 그 사이를 100등분 한 것이다. 예를 들어, 물 온도 20°C는 얼음이 녹는 온도보다 20°C 높은 온도를 말한다. 스웨덴의 천문학자 안데르스 셀시우스(Anders Celsius)가 발명했기 때문에 셀시우스(Celsius)의 C를 따서 °C라고 표기한다. 그런데 우리나라에서는 왜 섭씨라고 부를까? 셀시우스를 중국어로 섭이사(攝爾思)라고 쓰기 때문에 그 첫 자를 따서 섭씨가 만든 온도, 섭씨온도라고 부르게 된 것이다.

화씨(°F)는 주로 미국에서 사용하는 온도 단위로, 물의 어는점을 32°F, 끓는점을 212°F로 정한 다음 그 사이를 180등분 한 것이다. 독일의 물리학자 다니엘 가브리엘 파렌하이트(Daniel Gabriel Fahrenheit)가 생각해 낸 온도 단위이기 때문에 파렌하이트(Fahrenheit)의 F를 따서 °F라고 표기한다. 화씨 역시 중국어로 파렌하이트를 화륜해(華倫海)라고 쓰기 때문에 그 첫 자를 따서 화씨가 만든 온도, 화씨온도라고 부르게 된 것이다.

섭씨와 화씨는 온도를 숫자로 나타내는 기준이 서로 다른데, 같은 온도를 섭씨로 읽을 때보다 화씨로 읽을 때 그 숫자가 더 크다. 온도가 어느 정도인지 이해하기 위해서는 화씨온도를 섭씨온도로 바꿀 줄 알아야 하는데, 화씨온도에서 32를 뺀 수에 5를 곱하고 9로 나누면 섭씨온도를 구할 수 있다.

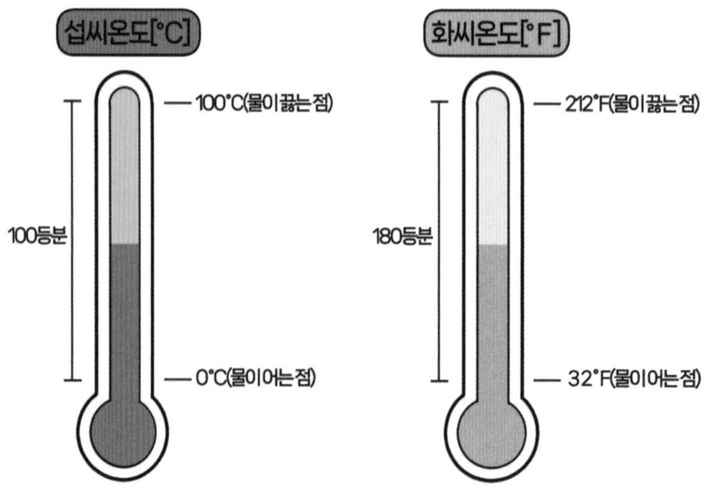

1 온도를 나타내는 단위 2가지를 고르세요. (　　　　　)

① cm　　② °C　　③ kg
④ °F　　⑤ mm

2 섭씨온도에서 물이 끓는 점은? (　　　　　)

① 0°　　② 20°　　③ 32°
④ 100°　　⑤ 212°

3 화씨온도에서 물이 어는 점은? (　　　　　)

① 0°　　② 20°　　③ 32°
④ 100°　　⑤ 212°

4 같은 온도를 섭씨온도와 화씨온도로 읽을 때 어떤 온도의 숫자가 더 큰가요?

(　　　　　　　　)

5 77°F를 섭씨온도로 바꾸는 식을 하나로 쓰고 계산해 보세요.

식 ______________________

답 ____________

step 1 30초 개념

• 12를 나누어떨어지게 하는 수를 12의 약수라고 합니다.

$$12 \div 1 = 12 \quad 12 \div 2 = 6 \quad 12 \div 3 = 4$$
$$12 \div 4 = 3 \quad 12 \div 6 = 2 \quad 12 \div 12 = 1$$

나머지 없이 12를 나누어떨어지게 하는 수는 1, 2, 3, 4, 6, 12입니다.
1, 2, 3, 4, 6, 12는 12의 약수입니다.
어떤 수를 나누어떨어지게 하는 수를 그 수의 약수라고 합니다.

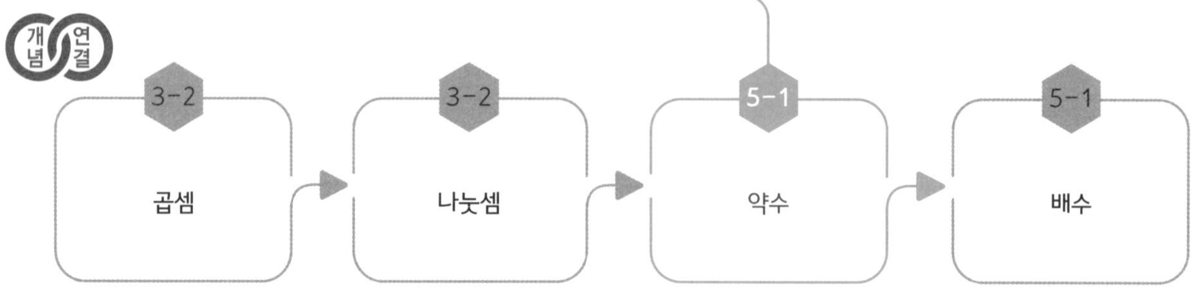

질문 ❶ 12장의 카드를 친구들에게 남김없이 똑같이 나누어 주려고 합니다. 몇 명에게 똑같이 나누어 줄 수 있는지 모두 찾아 설명해 보세요.

설명하기 2명에게 똑같이 나누어 주면 6장씩 나누어 줄 수 있습니다.
3명에게 똑같이 나누어 주면 4장씩 나누어 줄 수 있습니다.
4명에게 똑같이 나누어 주면 3장씩 나누어 줄 수 있습니다.
6명에게 똑같이 나누어 주면 2장씩 나누어 줄 수 있습니다.
12명에게 똑같이 나누어 주면 1장씩 나누어 줄 수 있습니다.
1명에게 준다면 학생 1명이 가지게 되는 카드는 12장입니다.
➡ 카드 12장을 남김없이 똑같이 나누어 줄 수 있는 사람 수는 1명, 2명, 3명, 4명, 6명, 12명일 때입니다.

질문 ❷ 나눗셈식을 이용하여 18의 약수를 모두 구해 보세요.

설명하기

$18 \div 1 = 18$	$18 \div 2 = 9$
$18 \div 3 = 6$	$18 \div 6 = 3$
$18 \div 9 = 2$	$18 \div 18 = 1$

18의 약수는 1, 2, 3, 6, 9, 18로 6개입니다.

1은 모든 수의 약수이며 자기 자신도 약수입니다.

예 18의 약수 ➡ 1, 2, 3, 6, 9, 18
(1: 모든 수의 약수, 18: 자기 자신)

1 나눗셈식을 보고 10의 약수를 모두 구해 보세요.

$10 \div 1 = 10$	$10 \div 6 = 1 \cdots 4$
$10 \div 2 = 5$	$10 \div 7 = 1 \cdots 3$
$10 \div 3 = 3 \cdots 1$	$10 \div 8 = 1 \cdots 2$
$10 \div 4 = 2 \cdots 2$	$10 \div 9 = 1 \cdots 1$
$10 \div 5 = 2$	$10 \div 10 = 1$

(　　　　　　　　　)

2 나눗셈식을 완성하고, 9의 약수를 모두 구해 보세요.

$9 \div \square = 9$

$9 \div \square = 3$

$9 \div \square = 2 \cdots 1$

$9 \div \square = 1$

(　　　　　　　　　)

3 왼쪽 수가 오른쪽 수의 약수인 것에 ○표, 아닌 것에 ×표 해 보세요.

2　15	3　42	13　78	17　51
(　　　)	(　　　)	(　　　)	(　　　)

4 7의 약수를 모두 찾아 ○표 해 보세요.

1　2　3　4　5　6　7

5 약수에 대한 설명이 맞으면 ○표, 틀리면 ×표 해 보세요.

(1) 10보다 11이 더 큰 수이므로 약수의 개수도 11이 더 많습니다. (   )
(2) 1은 모든 수의 약수입니다. (   )
(3) 약수가 1개인 수도 있습니다. (   )
(4) 어떤 수의 약수는 항상 어떤 수보다 작습니다. (   )

6 약수를 모두 구해 보세요.

(1) 25의 약수 ➡ ____________________

(2) 18의 약수 ➡ ____________________

(3) 22의 약수 ➡ ____________________

(4) 30의 약수 ➡ ____________________

7 약수의 개수가 더 많은 수를 찾아 ○표 해 보세요.

(1) 15 17

(2) 21 12

(3) 24 26

(4) 19 16

step 4 도전 문제

8 1부터 10까지의 자연수 중 약수가 2개인 수를 모두 찾아 써 보세요.

(   )

9 11부터 15까지의 수 중 약수의 개수가 가장 많은 수를 찾아 써 보세요.

(   )

할리갈리

(출처: 코리아보드게임즈)

과일 카드 56장, 종, 규칙서

15분 내외

1. 56장의 카드를 똑같이 나누어 가진 다음, 카드의 앞면을 확인하지 않고 뒷면이 보이도록 하여 각자 앞에 놓는다.
2. 가위바위보로 가장 먼저 시작할 사람을 정하고 시계 방향으로 진행한다.
3. 자기 차례가 되면 자기 앞에 있는 카드를 한 장 뽑아 앞면이 보이도록 내려놓는다. 한 바퀴를 돌아 다시 자기 차례가 되면 내려놓았던 카드 위에 새 카드를 뒤집어서 놓는다.
4. 바닥에 보이는 펼쳐진 카드에서 같은 과일의 개수가 5개가 되면 빠르게 종을 칩니다. 가장 빨리 종을 친 사람이 낸 카드 더미를 모두 가져갑니다. 이후 종을 친 사람 먼저 시작하여 게임을 이어 갑니다.
5. 실수로 종을 친 경우 다른 사람들에게 카드를 1장씩 나누어 줍니다.
6. 펼쳐진 카드까지 모두 잃은 사람 순서대로 탈락합니다. 마지막 2명이 남을 때 종을 치고 나서 카드를 많이 가진 사람이 승리합니다.

1 할리갈리 게임에서 카드에 그려져 있는 그림은? (　　　　)

① 꽃　② 자동차　③ 과일
④ 학용품　⑤ 인형

2 할리갈리 게임에서 승리하는 사람은? (　　　　)

① 가장 먼저 카드를 다 쓴 사람
② 카드를 많이 모은 사람
③ 가장 처음으로 종을 친 사람
④ 가장 종을 많이 친 사람
⑤ 종을 한 번도 치지 않은 사람

3 할리갈리 게임을 할 때 카드에서 같은 과일의 개수가 몇 개가 되면 종을 쳐야 하나요?

(　　　　　　　　)

4 할리갈리 게임의 카드는 모두 몇 장인가요?

(　　　　　　　　)

5 할리갈리 게임에서 카드를 남김없이 똑같이 나누려고 합니다. 카드를 남김없이 똑같이 나눌 수 없는 사람 수는? (　　　　)

① 2명　② 3명　③ 4명
④ 7명　⑤ 14명

step 1 30초 개념

• 4를 1배, 2배, 3배 ······ 한 수를 4의 배수라고 합니다.

4를 1배 한 수는 $4\times1=4$입니다.
4를 2배 한 수는 $4\times2=8$입니다.
4를 3배 한 수는 $4\times3=12$입니다.

4, 8, 12 ······는 4의 배수입니다.
어떤 수를 1배, 2배, 3배 ······ 한 수를 그 수의 배수라고 합니다.

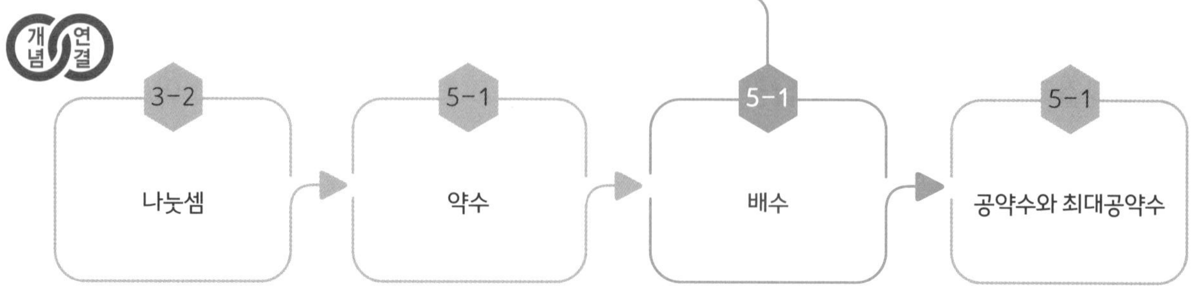

공부한 날 월 일

step 2 설명하기

질문 ❶ 수 배열표에서 6의 배수를 모두 찾아 색칠해 보세요.

1	2	3	4	5	6	7	8	9	10
11	12	13	14	15	16	17	18	19	20
21	22	23	24	25	26	27	28	29	30
31	32	33	34	35	36	37	38	39	40

설명하기

1	2	3	4	5	6	7	8	9	10
11	12	13	14	15	16	17	18	19	20
21	22	23	24	25	26	27	28	29	30
31	32	33	34	35	36	37	38	39	40

6의 배수는 곱셈식으로도 구할 수 있습니다.

$6\times1=6$, $6\times2=12$, $6\times3=18$, $6\times4=24$, $6\times5=30$, $6\times6=36$ ……

질문 ❷ 15를 두 수의 곱으로 나타내어 약수와 배수의 관계를 설명해 보세요.

설명하기 15를 두 수의 곱으로 나타내면 다음과 같이 두 가지가 만들어집니다.

$15=1\times15$, $15=3\times5$

1, 3, 5, 15는 15의 약수입니다.

15는 1과 15의 배수입니다.

15는 3과 5의 배수입니다.

1 곱셈식을 보고 2의 배수를 작은 수부터 5개 구해 보세요.

$2\times1=2$ $2\times2=4$ $2\times3=6$	$2\times4=8$ $2\times5=10$ …

( )

2 곱셈식을 완성하고, 6의 배수를 작은 수부터 5개를 써 보세요.

$6\times1=\square$

$6\times2=\square$

$6\times\square=18$

$6\times4=\square$

$6\times\square=30$

( )

3 3의 배수를 모두 찾아 ○표 해 보세요.

1 2 3 5 6 7 9 10 11 31 30 33

4 배수에 대한 설명이 맞으면 ○표, 틀리면 ×표 해 보세요.

(1) 3보다 5가 더 큰 수이므로 100까지의 자연수 중에는 배수의 개수도 5가 3보다 더 많습니다. ( )

(2) 1은 모든 수의 배수입니다. ( )

(3) 배수의 개수가 1개인 자연수도 있습니다. ( )

(4) 어떤 수의 배수 중 가장 작은 수는 어떤 수 자신입니다. ( )

5 배수를 구해 작은 수부터 3개씩 써 보세요.

(1) 5의 배수 ➡ ______________________

(2) 8의 배수 ➡ ______________________

(3) 12의 배수 ➡ ______________________

(4) 10의 배수 ➡ ______________________

6 25의 가장 큰 약수와 가장 작은 배수의 합을 구해 보세요.

(　　　　　　　　)

step 4 도전 문제

7 두 수가 약수와 배수의 관계인 것에 ○표 해 보세요.

3	15

(　　　　　　　　)

7	20

(　　　　　　　　)

8 다음 식을 보고 빈 곳에 '약수'와 '배수'를 알맞게 써넣으세요.

$20 \div 4 = 5$ $20 \div 5 = 4$	$4 \times 5 = 20$ $5 \times 4 = 20$

(1) 4와 5는 20의 (　　　　　)입니다.

(2) 20은 4와 5의 (　　　　　)입니다.

버스 시간표

버스 터미널은 도시와 도시를 연결하는 버스가 모이는 장소이다. 다른 도시로 이동하려는 사람들은 주로 시외버스나 고속버스를 이용한다. 버스 터미널은 일반적으로 매표소, 대합실, 승하차장, 정비 구간 등으로 이루어져 있다. 편의점, 약국, 식당이 있는 곳도 있다. 버스 터미널은 도시와 지방을 연결해 주는 교통의 중심지로, 여행자들에게 매우 중요한 시설이다. 버스 터미널의 매표소에서 특정 도시로 가는 행선지, 출발 시각, 소요 시간, 요금 등에 대한 정보를 확인할 수 있다.

동서울(약 2시간 소요)		대전(약 40분 소요)		천안(약 30분 소요)		청주(약 20분 소요)	
6:30	우등	7:10	일반	9:40	일반	8:30	우등
8:40	일반	9:00	일반	11:20	일반	9:00	우등
10:50	우등	10:50	우등	13:00	일반	10:00	일반
13:00	일반	12:40	일반	14:40	일반	11:00	우등
15:10	우등	14:30	일반	16:20	일반	12:00	우등
17:20	일반	16:20	우등	18:00	일반	13:00	일반
19:30	우등	18:10	일반	19:40	일반	14:00	우등
21:40	일반	20:00	일반	21:20	일반	15:00	우등

동서울	우등: 24,000원 일반: 16,000원
대전	우등: 12,000원 일반: 8,000원
천안	우등: 10,000원 일반: 7,000원
청주	우등: 6,000원 일반: 4,000원

1 버스 터미널에 일반적으로 있는 장소가 아닌 것은? (   )

① 매표소 ② 대합실 ③ 승하차장
④ 면세점 ⑤ 정비 구간

2 매표소에서 알 수 없는 정보는? (   )

① 행선지 ② 버스 기사 이름 ③ 소요 시간
④ 요금 ⑤ 출발 시각

3 동서울로 가는 버스의 배차 간격은 몇 분인지 구해 보세요.

(   )

4 청주로 가는 버스 요금의 배수만큼의 요금을 지불해야 갈 수 있는 도시를 모두 찾아 써 보세요.

(   )

5 동서울로 가는 버스 요금은 대전으로 가는 버스 요금의 몇 배인지 구해 보세요.

(   )

05

약수와 배수

공약수와 최대공약수

step 1 30초 개념

• 공약수와 최대공약수

8의 약수: 1, 2, 4, 8

12의 약수: 1, 2, 3, 4, 6, 12

1, 2, 4는 8의 약수도 되고 12의 약수도 됩니다.
8과 12의 공통된 약수 1, 2, 4를 8과 12의 공약수라고 합니다.
공약수 중에서 가장 큰 수인 4를 8과 12의 최대공약수라고 합니다.

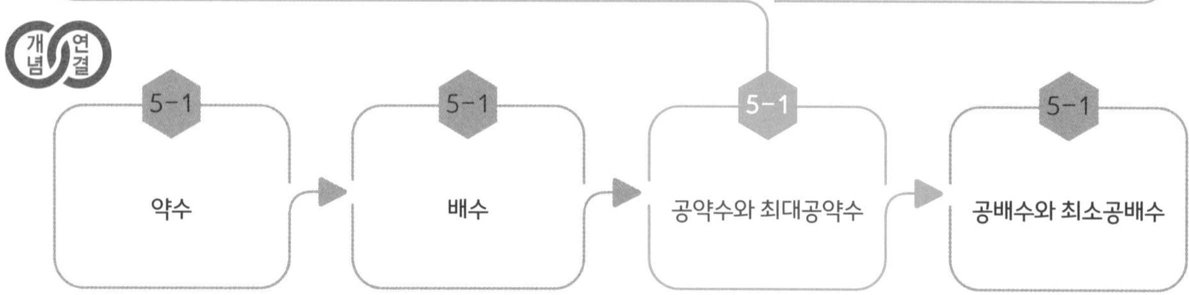

질문 ❶ 20과 30의 약수를 모두 쓰고 20과 30의 공약수와 최대공약수를 구해 보세요.

20의 약수	
30의 약수	

설명하기

20의 약수	⓵, ⓶, 4, ⓹, ⑩, 20
30의 약수	⓵, ⓶, 3, ⓹, 6, ⑩, 15, 30

공통인 약수를 모두 찾아 ○표 하면 1, 2, 5, 10입니다.
따라서 20과 30의 공약수는 1, 2, 5, 10입니다.
공약수 1, 2, 5, 10 중 최대인 것(가장 큰 수)은 10이므로 20과 30의 최대공약수는 10입니다.

질문 ❷ 나눗셈을 이용하여 12와 18의 최대공약수를 구해 보세요.

설명하기 12와 18의 공약수를 이용하여 나눗셈을 하면 두 수의 최대공약수를 구할 수 있습니다.

12와 18의 공약수 ➡ 6) 12 18
2 3

6 ➡ 12와 18의 최대공약수

12와 18의 공약수인 6으로 두 수를 나누고 각각의 몫을 밑에 씁니다.
1 이외에 두 몫의 공약수가 없는지 확인합니다. 2와 3의 공약수는 1뿐입니다.
이때 나눈 수 6이 두 수의 최대공약수입니다.

1 두 수의 약수를 쓰고, 공약수를 구해 보세요.

6=1×6　　6=2×3
8=1×8　　8=2×4

6의 약수	
8의 약수	
6과 8의 공약수	

2 □ 안에 알맞은 수를 써넣고, 12와 15의 공약수를 구해 보세요.

12=1×□　　12=2×□　　12=□×4
15=1×□　　15=3×□

(　　　　　　)

3 24와 18의 최대공약수를 구하려고 합니다. □ 안에 알맞은 수를 써넣으세요.

$$\begin{array}{r|rr} 2 & 24 & 18 \\ \hline 3 & 12 & 9 \\ \hline & 4 & 3 \end{array}$$

24와 18의 최대공약수: □×□=□

4 16과 40의 공약수가 아닌 수를 찾아 ○표 해 보세요.

1　2　3　4　5　6　7　8　9

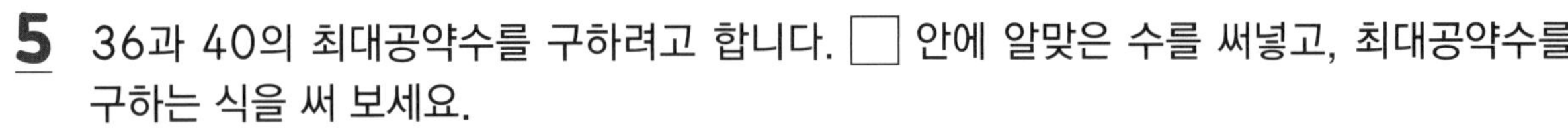

5 36과 40의 최대공약수를 구하려고 합니다. □ 안에 알맞은 수를 써넣고, 최대공약수를 구하는 식을 써 보세요.

$$\begin{array}{r|rr} 2 & 36 & 40 \\ \hline \square & \square & \square \\ \hline & \square & \square \end{array}$$

식 ____________________

6 두 수의 최대공약수를 구해 보세요.

(1) 22, 44 ➡ (　　　　　　)

(2) 32, 48 ➡ (　　　　　　)

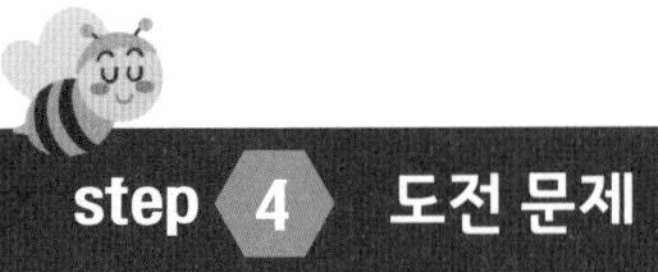

step 4 도전 문제

7 조건 에 알맞은 어떤 수를 구해 보세요.

조건
- 어떤 수와 30의 최대공약수는 6입니다.
- 어떤 수의 약수의 개수는 6입니다.
- 어떤 수는 15보다 크고 20보다 작은 수입니다.

(　　　　　　)

8 두 수의 최대공약수를 구해 보세요.

(1) 15, 1 ➡ (　　　　　　)

(2) 19, 17 ➡ (　　　　　　)

(3) 1, 1 ➡ (　　　　　　)

배드민턴 라켓 만들기

배드민턴은 라켓으로 셔틀콕을 쳐서 상대방의 구역에 떨어뜨리면 득점하는 스포츠입니다. 구역 사이에는 네트가 있어 일정 높이 이상으로 셔틀콕을 쳐야 한답니다. 날씨 좋은 날 가족들과 직접 만든 배드민턴 라켓으로 운동을 해 보는 건 어떨까요?

준비물: 두꺼운 종이, 연필, 자, 칼, 송곳, 면 끈 또는 털실, 행주천, 글루건

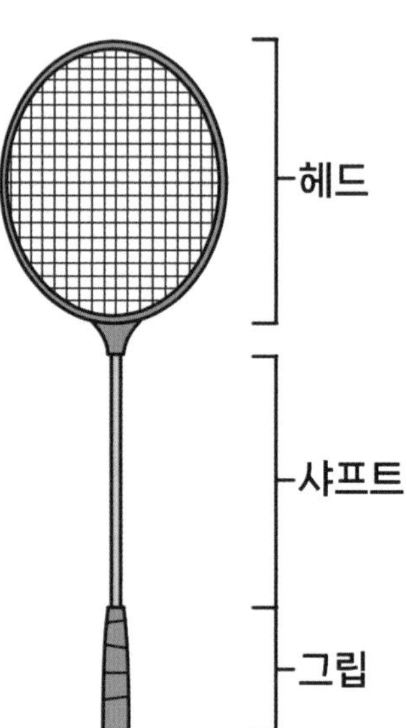

1. 라켓의 헤드 부분을 그려 줍니다. 안쪽 비어 있는 직사각형이 가로 20 cm, 세로 30 cm 되도록 그리고, 프레임*의 폭이 3 cm가 되도록 그립니다.
2. 라켓의 샤프트와 그립 부분을 그려 줍니다. 총 길이가 40 cm, 폭이 5 cm가 되도록 그립니다.
3. 라켓의 틀을 잘라 줍니다.
4. 헤드에 가로와 세로의 끈이 크기가 같은 정사각형을 만들도록 헤드의 프레임에 일정한 간격을 맞추어 구멍을 뚫습니다.
5. 구멍을 뚫은 곳에 면 끈 또는 털실을 교차하여 끼웁니다. 끈이 프레임에 잘 고정될 수 있도록 글루건으로 한 번 더 고정해 줍니다.
6. 그립 부분에 행주 천을 감싼 후 글루건으로 고정해 줍니다.

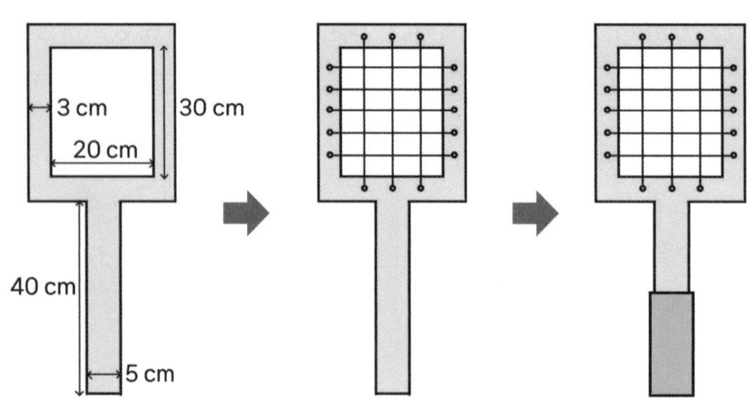

* **프레임**: 어떤 것의 뼈대

1 이 글에서 만들고자 하는 것은? (　　　　　)

① 배드민턴 셔틀콕　　② 테니스공　　③ 배드민턴 라켓
④ 테니스 라켓　　⑤ 배드민턴 라켓 보관가방

2 배드민턴 라켓을 만드는 순서대로 기호를 써 보세요.

㉠ 그립 부분을 완성한다.
㉡ 프레임을 만든다.
㉢ 면 끈 또는 털실을 끼운다.

(　　　　　　　　　)

3 위 그림에서 헤드의 프레임에 가로와 세로의 간격이 일정하도록 몇 cm 간격으로 구멍을 뚫었는지 구해 보세요.

(　　　　　　　　　)

4 헤드의 안쪽을 더 촘촘하게 채우려면 구멍을 몇 cm 간격으로 뚫어야 하는지 구해 보세요. (단, 간격은 자연수입니다.)

(　　　　　　　　　)

5 헤드 안쪽 직사각형이 가로 30 cm, 세로 36 cm일 때, 가장 넓은 간격으로 구멍을 뚫는다면 몇 cm 간격으로 뚫어야 하는지 구해 보세요.

(　　　　　　　　　)

06 약수와 배수

공배수와 최소공배수

step 1 30초 개념

• 공배수와 최소공배수

2의 배수: 2, 4, 6, 8, 10, 12, 14, 16, 18……
3의 배수: 3, 6, 9, 12, 15, 18……

6, 12, 18……은 2의 배수도 되고 3의 배수도 됩니다.
2와 3의 공통된 배수 6, 12, 18……은 2와 3의 공배수라고 합니다.
공배수 중에서 가장 작은 수인 6을 2와 3의 최소공배수라고 합니다.

개념 연결

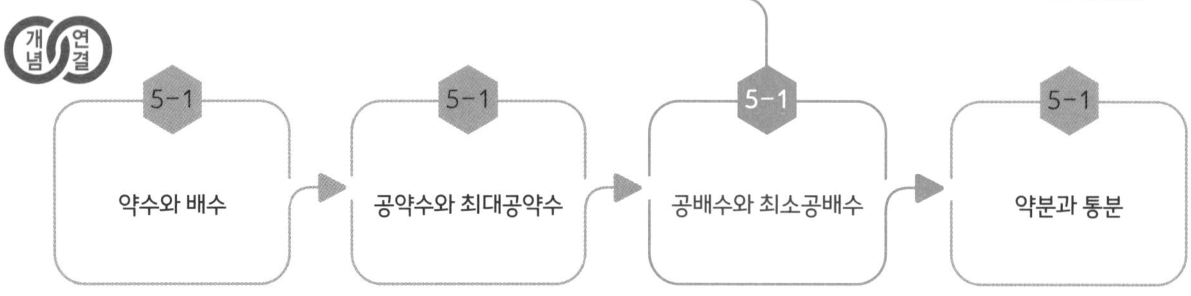

step 2 설명하기

질문 ① 4와 5의 공배수를 쓰고, 최소공배수를 구해 보세요.

설명하기 4와 5의 배수를 각각 10개씩 씁니다.

4의 배수	4, 8, 12, 16, (20), 24, 28, 32, 36, (40)
5의 배수	5, 10, 15, (20), 25, 30, 35, (40), 45, 50

공통인 배수를 모두 찾아 ○표 하면 20, 40……입니다.
따라서 4와 5의 공배수는 20, 40……입니다.
공배수 20, 40…… 중 최소인 것(가장 작은 수)은 20이므로 4와 5의 최소공배수는 20입니다.

질문 ② 나눗셈을 이용하여 12와 20의 최소공배수를 구해 보세요.

설명하기 12와 20의 최대공약수를 이용하여 나눗셈을 하면 두 수의 최소공배수를 구할 수 있습니다.

$$\begin{array}{r|rr} 4 & 12 & 20 \\ \hline & 3 & 5 \end{array}$$

$4 \times 3 \times 5 = 60$ ➡ 12와 20의 최소공배수

12와 20의 최대공약수 4로 두 수를 나누고 각각의 몫을 밑에 씁니다.
1 이외에 두 몫의 공약수가 없는지 확인합니다. 3과 5의 공약수는 1뿐입니다.
이때 최대공약수 4와 밑에 남은 몫을 모두 곱하면 처음 두 수의 최소공배수가 됩니다.

1 두 수의 배수를 작은 수부터 5개씩 쓰고, 최소공배수를 구해 보세요.

8의 배수	
12의 배수	
8과 12의 최소공배수	

2 □ 안에 알맞은 수를 써넣고, 18과 15의 최소공배수를 구해 보세요.

18=1×□　18=2×□　18=3×□
15=1×□　15=3×□

(　　　　　　　)

3 20과 25를 각각 두 수의 곱으로 나타낸 곱셈식입니다. 곱셈식을 이용하여 20과 25의 최소공배수를 구하는 식을 써 보세요.

20=1×20　20=2×10　20=4×5
25=1×25　25=5×5

식 ______________

4 30과 45를 각각 여러 수의 곱으로 나타내었습니다. 곱셈식을 이용하여 30과 45의 최소공배수를 구해 보세요.

30=2×3×5
45=3×3×5

(　　　　　　　)

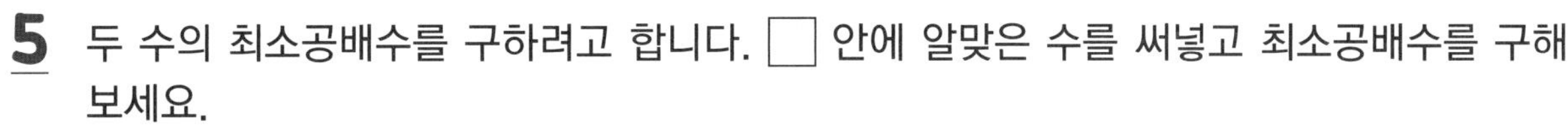

5 두 수의 최소공배수를 구하려고 합니다. □ 안에 알맞은 수를 써넣고 최소공배수를 구해 보세요.

(1)

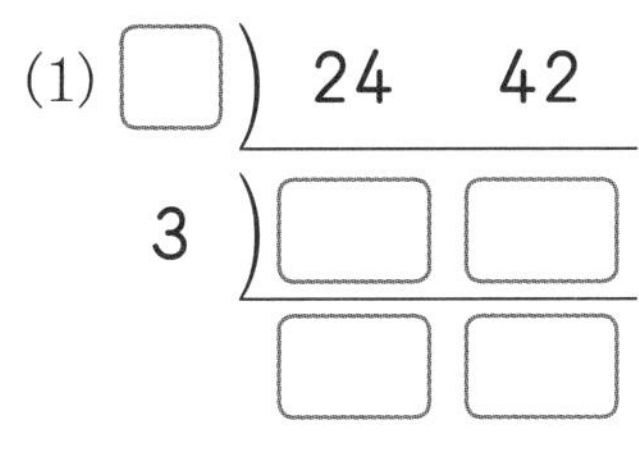

최소공배수 (　　　　　　　　　　)

(2)

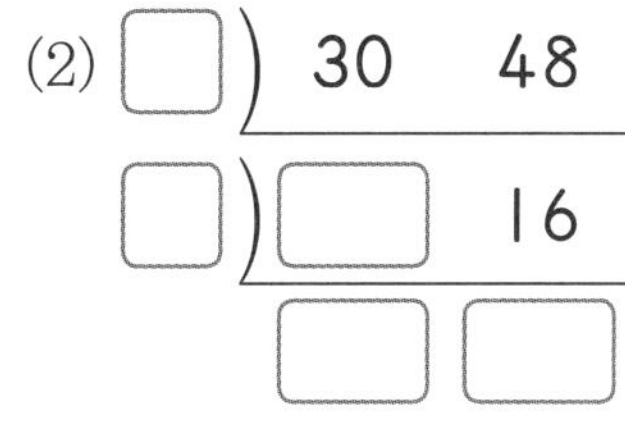

최소공배수 (　　　　　　　　　　)

6 두 수의 최소공배수를 구해 보세요.

(1)) 14 21

최소공배수 (　　　　　　　　　　)

(2)) 16 24

최소공배수 (　　　　　　　　　　)

step 4 도전 문제

7 8과 어떤 수의 최대공약수는 4이고, 최소공배수는 40입니다. 어떤 수를 구해 보세요.

(　　　　　　　　　　)

8 가로가 20 cm, 세로가 12 cm인 직사각형 모양의 사진을 겹치지 않게 이어 붙여 가장 작은 정사각형 모양의 큰 사진을 만들려고 합니다. 만들 수 있는 정사각형의 한 변의 길이는 몇 cm일까요?

(　　　　　　　　　　)

60갑자

'임진왜란'이라는 표현을 들어 보았나요? 임진왜란은 임진년에 왜(일본)가 우리나라로 들어와 난(전쟁)을 일으킨 사건을 말해요. 여기서 '임진년'은 옛날 우리나라에서 연도를 표현하는 방법이었어요.

우리나라는 육십갑자를 이용해서 연도를 표현했어요. 육십갑자는 10개의 천간 중 하나와 12개의 지지 중 하나의 조합*을 말해요. 좀 더 자세히 살펴볼까요? 10개의 천간에는 갑, 을, 병, 정, 무, 기, 경, 신, 임, 계가 있어요. 12개의 지지로는 자, 축, 인, 묘, 진, 사, 오, 미, 신, 유, 술, 해가 있지요. 지지는 각각 상징하는 동물이 있어서 태어난 해를 띠로 나타낼 때 사용된답니다. 그래서 임'진'년에 태어난 친구는 용띠가 되지요. 간지는 순서대로 천간 중 하나가 앞 글자가 되고, 지지 중 하나가 뒤 글자가 되어 그 해의 이름이 돼요.

간지(干支)									
십간									
甲 갑	乙 을	丙 병	丁 정	戊 무	己 기	庚 경	辛 신	壬 임	癸 계

십이지											
子 자	丑 축	寅 인	卯 묘	辰 진	巳 사	午 오	未 미	申 신	酉 유	戌 술	亥 해

예를 들어, 2021년은 천간이 '신'이고 지지가 '축'이에요. 이 둘을 합치면 '신축년'이라는 이름이 되지요.

그런데 이러한 표현 방법을 왜 육십갑자라고 할까요? 바로 육십 년에 한 번씩 똑같은 이름이 반복되기 때문이에요. 태어난 지 육십 년이 되는 해를 '환갑*' 또는 '회갑'이라고 하는 것도 바로 이 갑자가 한 바퀴를 돌았다는 데서 비롯된 것이랍니다.

*조합: 여럿을 한데 모아 한 덩어리로 구성하는 것
*환갑: 나이 예순한 살이 되는 해

1 육십갑자에 대한 설명 중 옳지 않은 것은? (　　　)

① 천간은 모두 10개이다.
② 지지는 모두 12개이다.
③ 천간은 각각 동물을 나타낸다.
④ 육십갑자는 환갑과 관련이 있다.
⑤ 임진왜란은 임진년에 일어난 전쟁이다.

2 2025년은 을사년입니다. 이 해에 태어난 사람의 띠는 무엇일까요?

(　　　　　　)

3 임진년의 다음 해의 이름은 무엇일까요?

(　　　　　　)

4 12와 10의 최소공배수를 구해 보세요.

(　　　　　　)

5 천간이 8개, 지지가 6개라면 최소한 얼마 만에 같은 연도가 다시 돌아올까요?

(　　　　　　)

07 두 양 사이의 관계

규칙과 대응

step 1 30초 개념

• 한 양이 변함에 따라 다른 양이 일정하게 변하는 관계를 두 양 사이의 대응 관계라고 합니다.

예를 들어, 1상자에 든 과자가 12개일 때 2상자에 든 과자는 24개이고, 3상자에 든 과자는 36개입니다. 상자의 수가 변함에 따라 상자에 든 과자의 수가 일정하게 변하므로 상자의 수와 그 상자에 든 과자의 수는 대응 관계입니다.

상자 수(개)	1	2	3	4	5	……
과자 수(개)	12	24	36	48	60	……

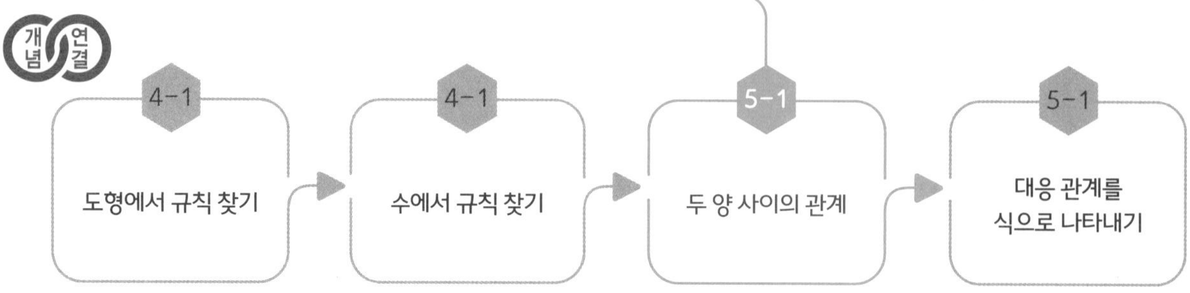

step 2 설명하기

질문 ❶ 그림을 보고 서로 대응하는 두 양을 찾아 그 관계를 설명해 보세요.

설명하기 식탁의 수와 학생의 수입니다. 학생들은 한 식탁에 2명씩 있습니다.
학생의 수와 젓가락의 수입니다. 젓가락은 한 학생당 2개씩 있습니다.
식탁의 수와 동그랑땡의 수입니다. 동그랑땡은 한 식탁에 6개씩 있습니다.

질문 ❷ 사각판과 바퀴를 이용하여 자동차를 만들고 있습니다. 사각판과 바퀴의 수 사이의 대응 관계를 설명해 보세요.

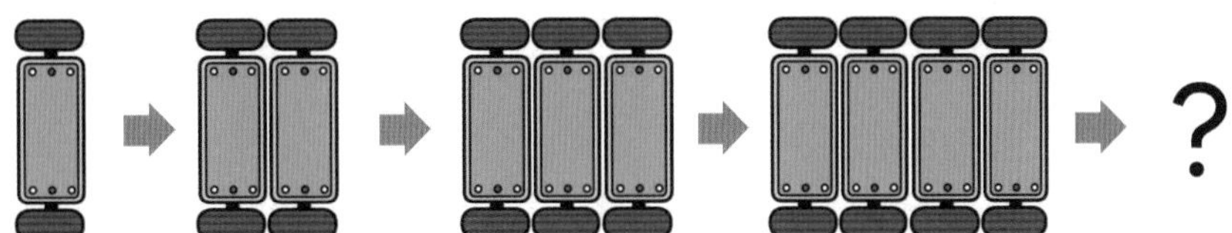

설명하기 사각판 1개에 바퀴 2개, 사각판 2개에 바퀴 4개, 사각판 3개에 바퀴 6개, 사각판 4개에 바퀴 8개입니다.
사각판을 1개 더 붙일 때마다 바퀴가 2개 더 늘어납니다.
사각판이 5개가 되면 바퀴가 2개 더 늘어나 10개가 됩니다.
사각판이 6개, 7개가 되면 바퀴는 각각 12개, 14개가 됩니다.
바퀴의 수는 사각판의 수의 2배이므로 사각판이 10개일 때 바퀴는 그 2배인 20개가 됩니다.
사각판의 수는 바퀴의 수의 반과 같으므로 바퀴가 30개이면 사각판은 그 반인 15개가 됩니다.

1 쿠키가 한 상자에 12개씩 들어 있습니다. 쿠키 상자와 쿠키의 수 사이의 대응 관계를 보고 알맞은 말에 ○표 해 보세요.

쿠키의 수는 상자의 수보다 (많습니다, 적습니다).
상자가 하나씩 늘어날 때마다 쿠키는 (1, 10, 12, 15)개씩 늘어납니다.

2 삼각형과 사각형의 대응 관계를 보고 표로 나타내어 보세요.

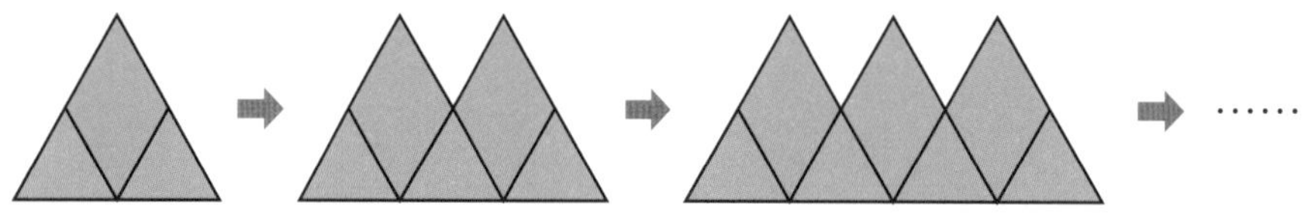

사각형의 수(개)	1	2	3	4	5	……
삼각형의 수(개)	2	3				……

3 원과 사각형으로 모양을 만들고 있습니다. 대응 관계를 보고 표로 나타내어 보세요.

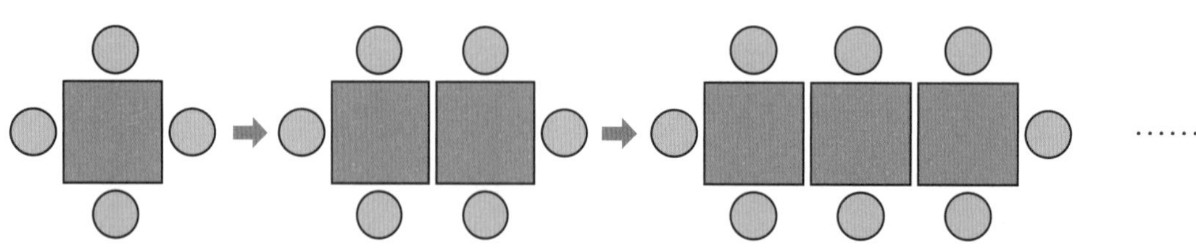

사각형의 수(개)	1	2	3	4	5	……
원의 수(개)	4	6				……

4 수지와 동생의 나이를 나타낸 표입니다. 수지가 15살이 되면 동생은 몇 살이 되는지 구해 보세요.

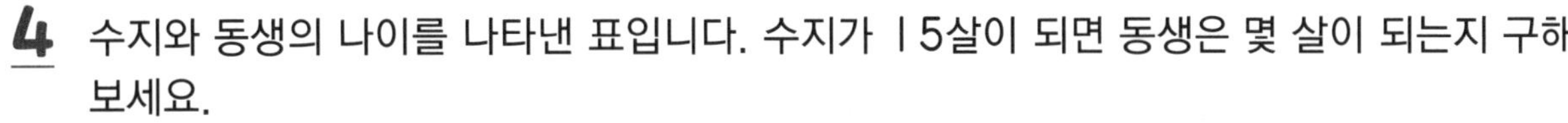

수지의 나이(살)	9	10	11	12	13	……
동생의 나이(살)	5	6	7	8	9	……

( )

5 세발자전거의 수에 따른 바퀴의 개수를 나타낸 표를 보고 빈칸에 알맞은 수를 써넣으세요.

세발자전거의 수(대)	1	2	3	4	……
바퀴의 수(개)					……

6 아이스크림이 한 개에 700원입니다. 아이스크림의 수에 따른 가격을 나타낸 표를 보고 빈칸에 알맞은 수를 써넣으세요.

아이스크림의 수(개)	1	2	3	4	……
아이스크림의 가격(원)	700				……

step 4 도전 문제

7 바둑돌로 규칙적인 배열을 만들고 있습니다. 다섯 번째에 놓을 바둑돌의 수를 구해 보세요.

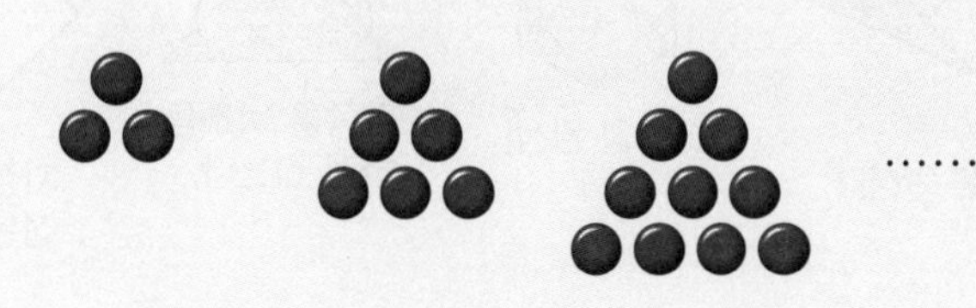

( )

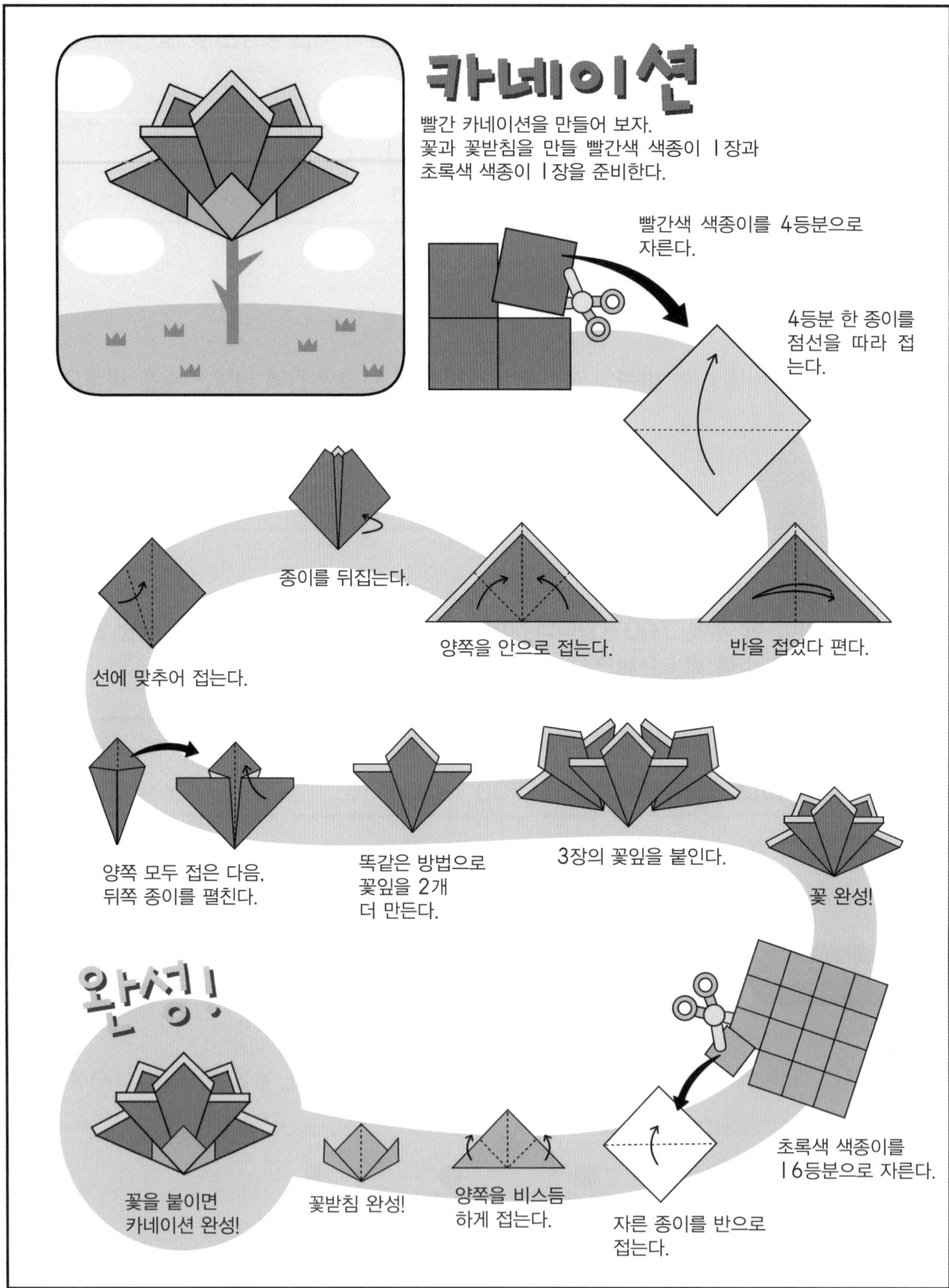
카네이션
빨간 카네이션을 만들어 보자.
꽃과 꽃받침을 만들 빨간색 색종이 1장과
초록색 색종이 1장을 준비한다.
빨간색 색종이를 4등분으로
자른다.
4등분 한 종이를
점선을 따라 접
는다.
반을 접었다 편다.
양쪽을 안으로 접는다.
종이를 뒤집는다.
선에 맞추어 접는다.
양쪽 모두 접은 다음,
뒤쪽 종이를 펼친다.
똑같은 방법으로
꽃잎을 2개
더 만든다.
3장의 꽃잎을 붙인다.
꽃 완성!
초록색 색종이를
16등분으로 자른다.
자른 종이를 반으로
접는다.
양쪽을 비스듬
하게 접는다.
꽃받침 완성!
완성!
꽃을 붙이면
카네이션 완성!

1 카네이션을 만들기 위해 필요한 색종이의 색깔은 무엇인지 모두 고르세요. (　　　　　)

① 빨강　② 검정　③ 초록
④ 파랑　⑤ 보라

2 꽃받침을 만들 때 초록색 색종이 한 장을 몇 등분으로 자르나요? (　　　　　)

① 2등분　② 4등분　③ 6등분
④ 8등분　⑤ 16등분

3 꽃 한 송이를 만드는 데 꽃잎은 몇 장이 필요한가요?

(　　　　　)

4 꽃 한 송이를 만들려면 꽃받침을 몇 개 접어야 하나요?

(　　　　　)

5 꽃 여러 송이를 완성해서 꽃다발을 만들었습니다. 꽃받침의 개수가 5개라면 꽃잎은 모두 몇 장인가요?

(　　　　　)

08 규칙과 대응

대응 관계를 식으로 나타내기

step 1 30초 개념

• 두 양 사이의 대응 관계를 식으로 간단하게 나타낼 때는 각 양을 ○, □, △, ☆ 등과 같은 기호로 표현할 수 있습니다.

예

세발자전거의 수(대) ➡ ○	1	2	3	……
바퀴의 수(개) ➡ □	3	6	9	……

○×3＝□ 또는 □÷3＝○

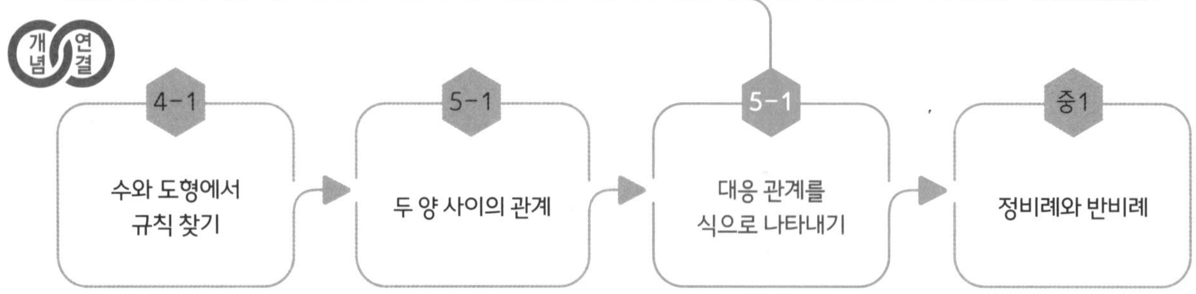

step 2 설명하기

질문 ❶ 날개가 4개인 드론을 만들 때 드론의 수와 날개의 수 사이의 대응 관계를 식으로 나타내어 보세요.

설명하기 드론 1대를 만들려면 날개 4개가 필요합니다.
그러므로 대응 관계를 식으로 나타내면 (드론의 수)×4=(날개의 수)입니다.
날개 4개로 드론 1대를 만들 수 있습니다.
그러므로 대응 관계를 식으로 나타내면 (날개의 수)÷4=(드론의 수)입니다.

질문 ❷ 드론의 수를 △, 날개의 수를 ☆이라고 할 때, 두 양 사이의 대응 관계를 식으로 나타내어 보세요.

설명하기 드론의 수를 △, 날개의 수를 ☆이라고 하면 (드론의 수)×4=(날개의 수)는

△×4=☆

과 같이 간단하게 나타낼 수 있습니다.
(날개의 수)÷4=(드론의 수)는

☆÷4=△

와 같이 간단하게 나타낼 수 있습니다.

드론의 수(대) ➡ △	1	2	3	4	5	……
날개의 수(개) ➡ ☆	4	8	12	16	20	……

×4 ÷4

step 3 개념 연결 문제

1 연도와 봄이의 나이 사이의 대응 관계를 찾아 빈칸에 알맞은 수를 넣고, 연도를 ○(년), 봄이의 나이를 □(세)라 할 때, 두 양 사이의 대응 관계를 식으로 나타내어 보세요.

연도 (년)	2020	2021	2022	2023	2024	……
봄이의 나이 (세)	8	9	10			……

식 ____________________

2 의자와 탁자 세트를 다음과 같이 맞추려고 합니다. 의자의 수를 ○개, 탁자의 수를 □개라고 할 때, 의자와 탁자 사이의 대응 관계를 찾아 식으로 나타내어 보세요.

식 ____________________ =○

3 소희의 어머니와 소희의 나이는 다음과 같습니다. 소희의 어머니의 나이를 □세, 소희의 나이를 ○세이라고 할 때, 소희의 어머니와 소희의 나이 사이의 대응 관계를 찾아 식으로 나타내어 보세요.

어머니의 나이 (세)	39	40	41	42	……
소희의 나이 (세)	8	9	10	11	……

식 ____________________ =○

4 색연필이 한 묶음에 12개씩 들어 있습니다. 색연필의 수를 □개, 묶음의 수를 ○묶음이라고 할 때, 색연필과 묶음 사이의 대응 관계를 식으로 나타내어 보세요.

식 ______________ =□

5 체육 대회에서 5명씩 한 모둠이 되어 줄넘기를 하려고 합니다. 모둠의 수를 □, 학생의 수를 ○이라고 할 때, 모둠의 수와 학생의 수 사이의 대응 관계를 식으로 나타내어 보세요.

식 ______________ =□

step 4 도전 문제

6 게시판에 사진을 전시하려고 합니다. 사진의 수를 ○장, 누름 못의 수를 □개라고 할 때, 사진과 누름 못 사이의 대응 관계를 표와 식으로 나타내어 보세요.

→ ······

사진의 수(장)	1	2	3	4	······
누름 못의 수(개)	4			10	······

식 ______________

세계 여러 나라의 시각이 다른 이유

영국 축구를 본 적이 있나요? 영국에서 오후에 열리는 축구 경기를 보려면 우리는 밤늦게 혹은 새벽에 일어나야 해요. 영국과 우리나라의 시각이 다르기 때문이에요. 세계 여러 도시의 시각이 다른 이유는 무엇일까요? 과학적으로 살펴보면 지구가 자전하기 때문이에요. 햇빛이 우리나라를 비추고 있을 때 지구 반대편 나라들은 깜깜한 밤이에요. 그렇다면 지역에 따른 시각은 어느 기준에 맞추어 정해진 것일까요?

각 나라에서는 영국에 있는 그리니치 천문대를 지나는 경선*인 본초 자오선*을 따라 24개로 나눈 표준시와 표준 시간대를 사용하고 있어요. 지구가 24시간 동안 360° 자전하므로 1시간에 15° 정도 이동한다는 사실을 통해 24개의 표준 시간대를 정한 것이지요.

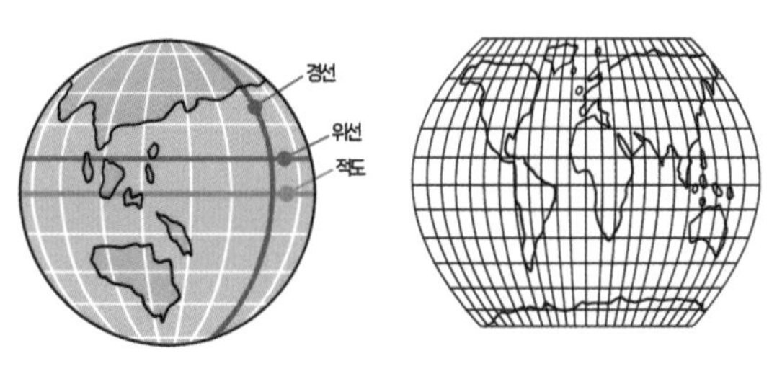

▲ 위도와 경선

▲ 표준시

다만 표준 시간대가 도시 한복판이나 나라의 가운데를 통과하면 한 나라 안에서 시각이 달라지는 불편이 생기는 만큼, 그 모양이 구불구불하게 나타나기도 하고, 미국, 러시아, 캐나다와 같이 영토가 동서 방향으로 넓은 국가에서는 여러 개의 표준시를 사용하고 있어요. 또 그리니치 천문대가 지구의 자전 속도가 조금씩 느려지는 오차*를 반영하지 못한다는 점에서 세슘 원자의 진동을 통해 시각을 측정하는 협정 세계시도 사용되고 있어요.

우리나라의 경우 동경 124°~132°에 위치하고 있지만 135°를 표준 경선으로 사용하고 있는데, 이는 일제 강점기에 정해진 것으로 알려져 있어요. 우리나라의 표준시는 본초 자오선 상의 시계보다 9시간이 빠르답니다.

* **경선**: 지구를 남극과 북극으로 지나는 평면으로 잘랐을 때, 그 평면과 지구 표면이 만나는 가상의 선
* **본초 자오선**: 지구의 경도를 결정하는 데 기준이 되는 자오선
* **오차**: 실제 측정한 값과 이론적으로 정확한 값과의 차이

1 세계 여러 도시의 시각이 다른 이유는? (　　　　)

① 우주가 넓기 때문에
② 태양이 자전하기 때문에
③ 태양이 공전하기 때문에
④ 지구가 자전하기 때문에
⑤ 달이 자전하기 때문에

2 각 나라의 표준시와 표준 시간대의 기준이 되는 것은? (　　　　)

① 인공위성
② 달의 공전 주기
③ 본초 자오선
④ 위도
⑤ 적도

3 표준 시간대는 모두 몇 개인가요?

(　　　　　　　　)

4 우리나라에서 사용하는 표준 시간대는 경선 몇 도인가요?

(　　　　　　　　)

5 영국이 오전 11시일 때 우리나라는 몇 시인가요?

(　　　　　　　　)

6 영국 시각을 ○(시), 우리나라 시각을 □(시)라고 할 때, 영국과 우리나라의 시차를 식으로 나타내어 보세요.

식 ______________________ =□

09 약분과 통분

step 1 30초 개념

• $\frac{1}{5}$, $\frac{2}{10}$, $\frac{3}{15}$ …… 은 크기가 같은 분수입니다.

$\frac{1}{5}$ 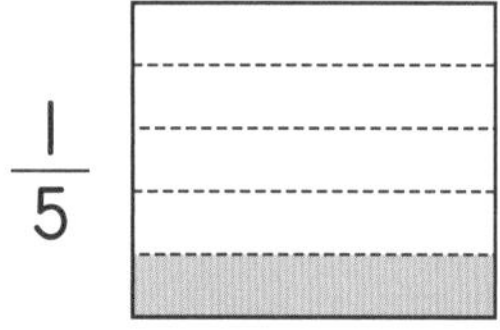 $\frac{2}{10}$ 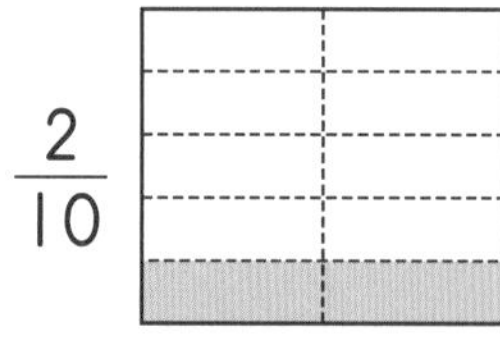 $\frac{3}{15}$ 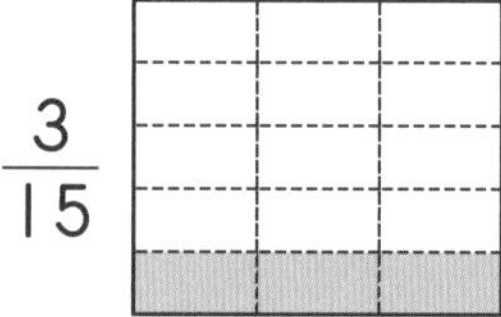

• 크기가 같은 분수 만드는 방법

① 분모와 분자에 각각 0이 아닌 수를 곱하면 크기가 같은 분수가 됩니다.

② 분모와 분자를 각각 0이 아닌 수로 나누면 크기가 같은 분수가 됩니다.

개념 연결

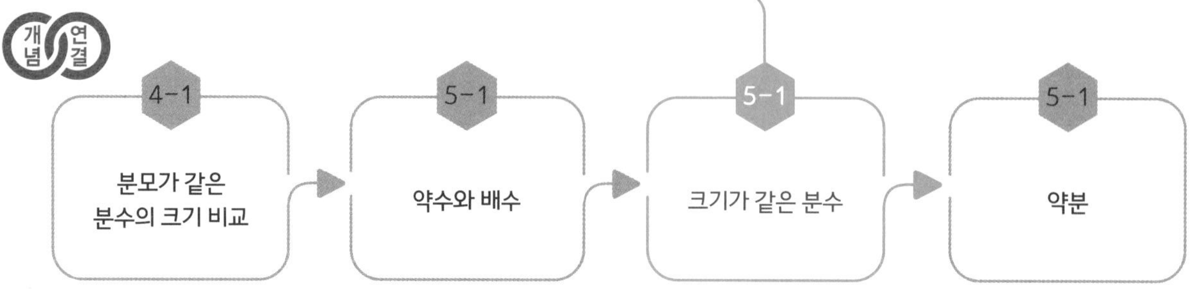

질문 ❶ 직사각형 모양에 $\frac{1}{3}$과 $\frac{2}{6}$만큼 색칠하여 두 분수의 크기를 비교해 보세요.

$\frac{1}{3}$ $\frac{2}{6}$

설명하기

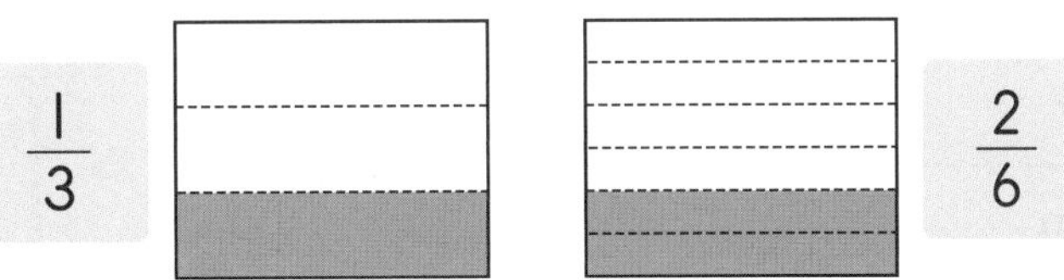

$\frac{1}{3}$은 직사각형을 똑같이 3개로 나눈 것 중 1개입니다.

$\frac{2}{6}$는 직사각형을 똑같이 6개로 나눈 것 중 2개입니다.

두 모양을 비교해 보면 크기가 똑같으므로 $\frac{1}{3}$과 $\frac{2}{6}$는 크기가 같은 분수입니다.

질문 ❷ 수직선에 두 분수 $\frac{1}{4}$, $\frac{3}{12}$을 나타내고 두 분수의 크기를 비교해 보세요.

설명하기

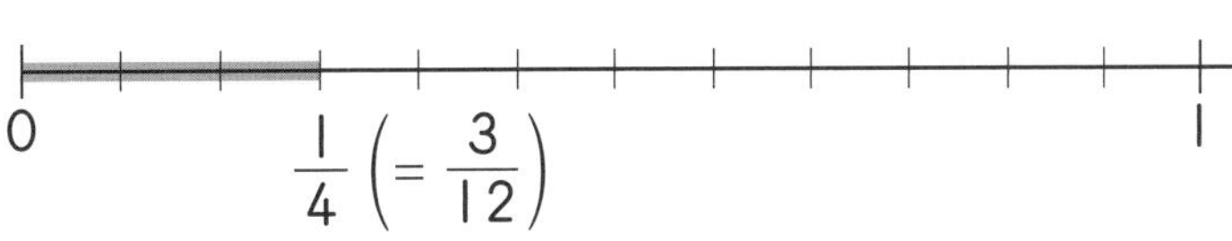

수직선에 나타낸 크기가 모두 같으므로 두 분수 $\frac{1}{4}$, $\frac{3}{12}$은 같은 크기의 분수입니다.

1 분수만큼 색칠하고, 크기를 비교하여 ◯ 안에 >, = ,<를 알맞게 써넣으세요.

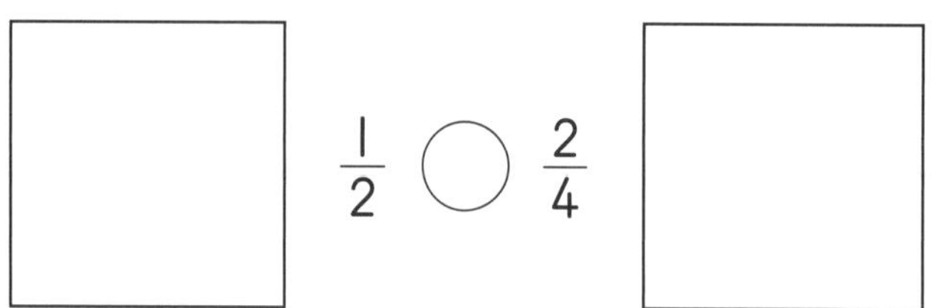

2 분수만큼 색칠하고, 크기가 같은 두 분수를 써 보세요.

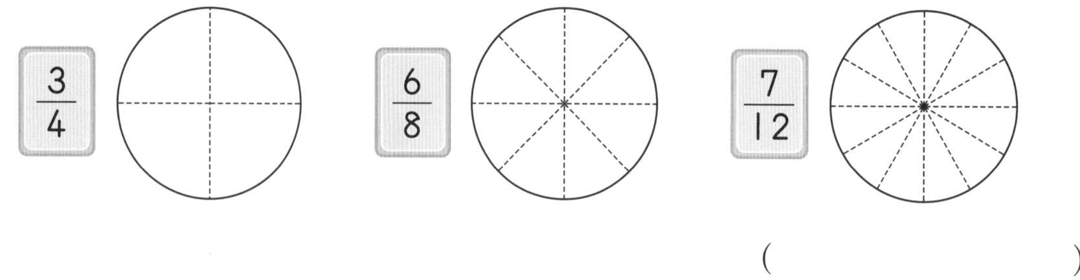

( )

3 분수만큼 수직선에 나타내고 크기가 같은 두 분수를 써 보세요.

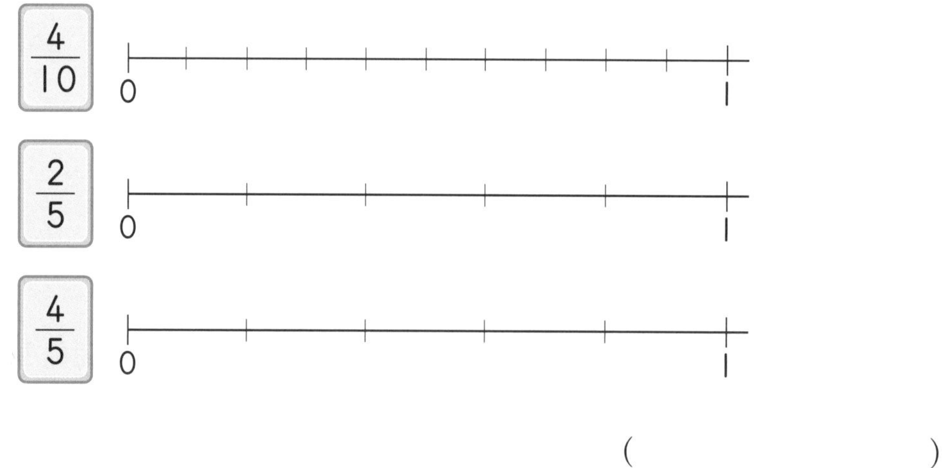

( )

4 $\frac{4}{24}$와 크기가 같은 분수를 찾아 써 보세요.

$\frac{1}{2}$ $\frac{1}{6}$ $\frac{2}{8}$ $\frac{3}{12}$ $\frac{7}{48}$

( )

5 □ 안에 알맞은 수를 써넣으세요.

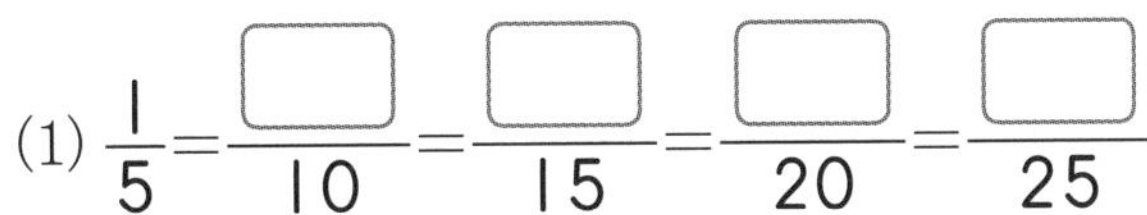

(1) $\frac{1}{5}=\frac{\square}{10}=\frac{\square}{15}=\frac{\square}{20}=\frac{\square}{25}$

(2) $\frac{12}{24}=\frac{\square}{12}=\frac{4}{\square}=\frac{\square}{6}=\frac{2}{\square}=\frac{\square}{2}$

6 $\frac{2}{10}$와 크기가 같은 분수 중에서 분모가 30인 분수를 구해 보세요.

(　　　　　　　　)

7 크기가 같은 분수끼리 짝 지어진 것은? (　　　　)

① $\left(\frac{6}{12}, \frac{2}{4}\right)$　② $\left(\frac{3}{7}, \frac{7}{14}\right)$　③ $\left(\frac{5}{20}, \frac{3}{10}\right)$

④ $\left(\frac{2}{8}, \frac{3}{24}\right)$　⑤ $\left(\frac{11}{11}, \frac{11}{33}\right)$

step 4 도전 문제

8 □와 △에 알맞은 수의 합을 구해 보세요.

$$\frac{3}{5}=\frac{9}{\square}=\frac{\triangle}{25}$$

(　　　　　　　　)

9 분모와 분자의 합이 64이고, $\frac{3}{5}$과 크기가 같은 분수를 구해 보세요.

(　　　　　　　　)

음표와 음의 길이

음표는 음의 높이와 길이를 나타내는 기호이다. 악보에서 음표의 위치에 따라 음의 높이가 달라지고, 음표의 모양에 따라 음의 길이가 달라진다. 음표의 길이를 결정하는 음표의 모양은 머리, 기둥, 꼬리, 점 등이다. 음표의 머리가 비었는지, 음표에 기둥이 있는지, 꼬리가 몇 개 달렸는지, 점이 붙었는지에 따라 음의 길이가 달라진다.

온음표는 4분의 4박자를 기준으로 4박의 길이를 나타낸다. 빈 머리에 기둥, 꼬리, 점이 없는 모양이다. 온음표에 기둥을 그리면 2분음표가 된다. 2분음표는 온음표 길이의 반인 2박을 나타낸다. 2분음표에 머리를 색칠하면 4분음표가 된다. 4분음표는 온음표 길이의 $\frac{1}{4}$인 1박을 나타낸다.

4분음표에 꼬리를 붙이면 길이가 더 짧은 음표가 된다. 4분음표에 꼬리를 하나 달면 8분음표가 되고, 4분음표의 반인 $\frac{1}{2}$박을 나타낸다. 8분음표에 꼬리를 하나 더 달면 16분음표가 되고, 8분음표의 반인 $\frac{1}{4}$박을 나타낸다.

음표	이름	박(♩를 1박으로 할 때)	길이
𝅝	온음표	4박	
𝅗𝅥	2분음표	2박	
♩	4분음표	1박	
♪	8분음표	$\frac{1}{2}$박	
𝅘𝅥𝅯	16분음표	$\frac{1}{4}$박	

1 음표가 나타내는 것은? (　　　　)

① 음의 느낌　② 음의 색　③ 음 사이의 이어짐
④ 음의 길이　⑤ 음의 세기

2 음표의 모양에서 음의 길이를 결정하는 것이 아닌 것은? (　　　　)

① 머리　② 기둥　③ 크기
④ 꼬리　⑤ 점

3 4분음표를 1박으로 했을 때 16분음표의 박은? (　　　　)

① 1박　② $\frac{1}{2}$박　③ $\frac{3}{4}$박
④ $\frac{1}{4}$박　⑤ $\frac{1}{8}$박

4 8분음표가 4개인 $\frac{4}{2}$박을 음표 하나로 나타내면 어떤 음표인가요?

(　　　　　　　　)

5 16분음표가 2개인 $\frac{2}{4}$박을 음표 하나로 나타내려고 합니다. 어떤 음표인가요?

(　　　　　　　　)

약분

step 1 30초 개념

• 분모와 분자를 공약수로 나누어 간단히 하는 것을 약분한다고 합니다.

$$\frac{\overset{2}{\cancel{4}}}{\underset{6}{\cancel{12}}}=\frac{2}{6} \qquad \frac{\overset{1}{\cancel{4}}}{\underset{3}{\cancel{12}}}=\frac{1}{3}$$

이때 $\frac{1}{3}$과 같이 분모와 분자의 공약수가 1뿐인 분수를 기약분수라고 합니다.

$$\frac{\overset{1}{\cancel{4}}}{\underset{3}{\cancel{12}}}=\frac{1}{3}$$

12와 4의 최대공약수인 4로 약분하면 기약분수가 됩니다.

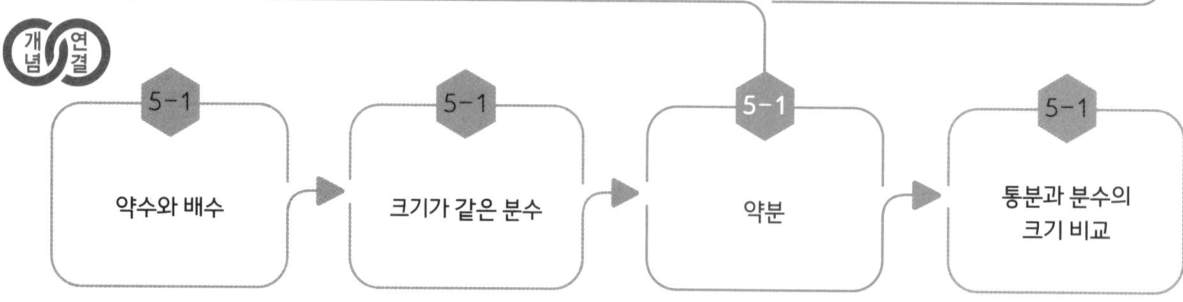

step 2 설명하기

질문 ❶ $\frac{8}{24}$을 약분하여 크기가 같은 분수 3개를 만들어 보세요.

설명하기 $\frac{8}{24}$의 분모와 분자를 2, 4, 8로 각각 나눕니다.

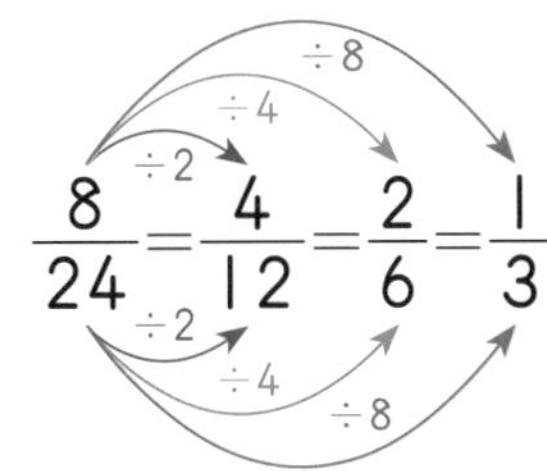

분모와 분자를 나누는 똑같은 수는 분모와 분자의 공약수입니다.
그러므로 분모와 분자를 똑같은 수로 나누는 것은 약분과 같습니다.

질문 ❷ $\frac{18}{24}$을 기약분수로 만들어 보세요.

설명하기 기약분수를 만들려면 분모의 분자의 최대공약수로 나누어야 합니다.
24와 18의 공약수는 1, 2, 3, 6이므로 최대공약수는 6입니다.
최대공약수 6으로 분모와 분자를 나누면 $\frac{3}{4}$이고 $\frac{3}{4}$은 기약분수입니다.

$\frac{3}{4}$이 기약분수인 이유는 3과 4의 공약수가 1뿐이기 때문입니다.

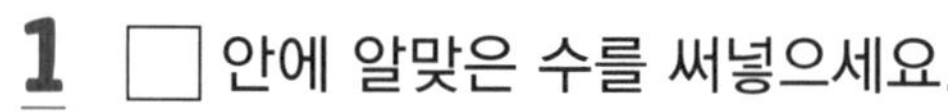

1 □ 안에 알맞은 수를 써넣으세요.

(1) $\frac{2}{8}=\frac{2\div2}{8\div\square}=\frac{\square}{\square}$

(2) $\frac{9}{15}=\frac{9\div\square}{15\div3}=\frac{\square}{\square}$

(3) $\frac{5}{25}=\frac{5\div\square}{25\div\square}=\frac{\square}{\square}$

(4) $\frac{8}{36}=\frac{8\div\square}{36\div\square}=\frac{\square}{\square}$

2 기약분수로 나타내어 보세요.

(1) $\frac{12}{40}$ ➡ (　　　　　)

(2) $\frac{25}{60}$ ➡ (　　　　　)

(3) $\frac{28}{42}$ ➡ (　　　　　)

(4) $\frac{20}{70}$ ➡ (　　　　　)

3 □ 안에 알맞은 수를 구해 보세요.

$$\frac{18}{63}=\frac{\square}{7}$$

(　　　　　)

4 두 분수를 기약분수로 만들기 위해 □ 안에 들어갈 공통된 수를 구해 보세요.

$\frac{14}{49}=\frac{14\div\square}{49\div\square}$	$\frac{21}{35}=\frac{21\div\square}{35\div\square}$

(　　　　　)

5 분수를 기약분수로 나타내려고 합니다. □ 안에 들어갈 수가 같은 분수를 찾아 써 보세요.

$$\left(\frac{32}{56}, \frac{16}{32}, \frac{24}{40}\right) \Rightarrow \left(\frac{32\div\square}{56\div\square}, \frac{16\div\square}{32\div\square}, \frac{24\div\square}{40\div\square}\right)$$

(　　　　　　　　)

6 분자가 15인 진분수 중에서 약분하면 $\frac{3}{7}$이 되는 것을 구해 보세요.

(　　　　　　　　)

7 $\frac{16}{40}$을 약분할 수 없는 수를 찾아 ○표 해 보세요.

2	3	4	5	8

8 조건에 알맞은 분수를 모두 찾아 써 보세요.

조건

- $\frac{54}{72}$와 크기가 같은 분수입니다.
- 분모는 72보다 작고, 분자는 54보다 작습니다.
- 기약분수가 아닙니다.
- 분자는 두 자리 수입니다.

(　　　　　　　　)

초콜릿 소동

"야! 내가 맞다니까?" 지후의 목소리가 교실에 울려 퍼졌습니다. 이에 질세라 혜민이도 소리쳤어요. "아니야! 내가 맞아!"

옆에 있던 민지가 두 친구에게 다가가 물었어요.

"무슨 일이야?"

혜민이가 대답했습니다. "아까 수학시간에 우리가 팀 활동을 잘해서 초콜릿을 받았거든. 똑같이 $\frac{2}{4}$씩 먹자고 하는데 자꾸 지후가 아니라고 우기잖아!"

지후가 말했습니다. "잘 봐, 여기 잘 보면 아주 작은 선이 초콜릿을 8조각으로 나누고 있잖아. 그러니까 $\frac{4}{8}$씩 먹는 게 맞지!"

민지가 고개를 갸우뚱하며 말했습니다. "어? 이상한데? 초콜릿을 둘이서 나눠 먹어야 하니까 $\frac{1}{2}$씩 먹는 게 맞지 않아?"

지후와 혜민이가 말했어요. "아이참! 너도 틀렸다니까!"

조용히 학생들의 대화를 듣고 있던 선생님이 웃으며 말씀하셨어요. "우리 그러면 지후, 혜민이, 민지가 말한 대로 초콜릿 대신 블록을 나눠 볼까?"

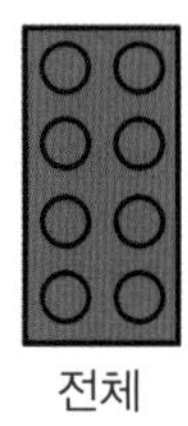

전체

지후	혜민	민지
$\frac{4}{8}$	$\frac{2}{4}$	$\frac{1}{2}$

지후가 머리를 긁적이며 말했습니다. "어? 뭐야, 똑같잖아?"

혜민이가 말했어요. "미안해, 지후야. 이렇게 같을줄 몰랐어!"

"아니야, 내가 먼저 소리쳤는걸." 지후도 사과했어요.

민지가 말했습니다. "우리 셋 다 똑같은 말을 하고 있었나봐. 그러고 보니 지후가 만든 분수의 분자와 분모를 각각 2로 나누면 혜민이가 말한 분수가 되고, 혜민이의 분수의 분모와 분자를 각각 2로 나누면 내가 만든 분수가 돼!"

지후가 무릎을 치며 말했어요. "그렇지! 이게 바로 약분이었어!"

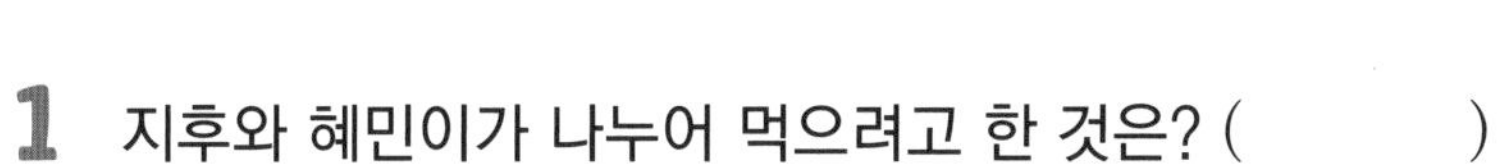

1 지후와 혜민이가 나누어 먹으려고 한 것은? (   )

① 피자 ② 사과 ③ 카라멜
④ 사탕 ⑤ 초콜릿

2 이 글에서 지후, 혜민, 민지가 말하는 분수만큼 색칠해 보세요.

지후	혜민	민지

3 $\frac{4}{8}$를 기약분수로 나타내어 보세요.

(   )

4 $\frac{2}{4}$를 기약분수로 나타내어 보세요.

(   )

5 분수를 기약분수로 만들어 계산해 보세요.

$$\frac{32}{64}+\frac{4}{8}=\frac{\square}{\square}+\frac{\square}{\square}=\square$$

11

약분과 통분

step 1 30초 개념

• 분수의 분모를 같게 하는 것을 통분한다고 하고, 통분한 분모를 공통분모라고 합니다.

$$\left(\frac{5}{6}, \frac{4}{9}\right) \Rightarrow \left(\frac{5\times3}{6\times3}, \frac{4\times2}{9\times2}\right) \Rightarrow \left(\frac{15}{18}, \frac{8}{18}\right)$$

공통분모

공통분모는 통분한 분모로, 두 분모의 공배수이며 셀 수 없이 많습니다.

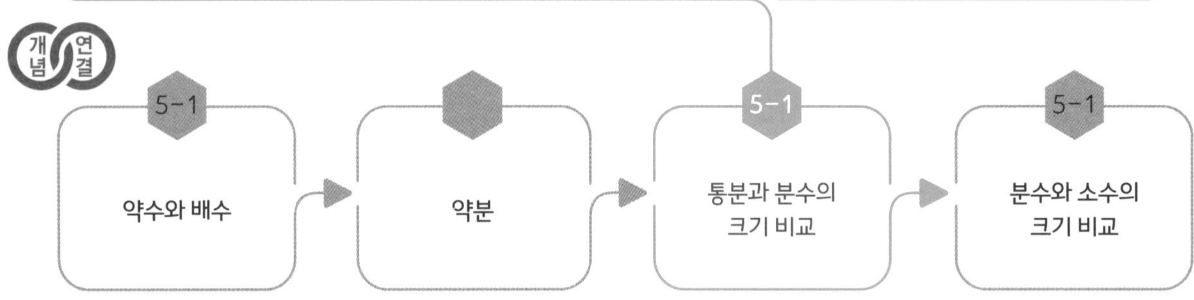

공부한 날 월 일

step 2 설명하기

질문 ❶ $\frac{5}{8}$와 $\frac{7}{10}$을 두 가지 방법으로 통분해 보세요.

(1) 두 분모의 곱을 공통분모로 하는 방법
(2) 두 분모의 최소공배수를 공통분모로 하는 방법

설명하기 (1) $\frac{5}{8}=\frac{5\times10}{8\times10}=\frac{50}{80}$, $\frac{7}{10}=\frac{7\times8}{10\times8}=\frac{56}{80}$

(2) 두 분모 8과 10의 최소공배수는 40이므로
$\frac{5}{8}=\frac{5\times5}{8\times5}=\frac{25}{40}$, $\frac{7}{10}=\frac{7\times4}{10\times4}=\frac{28}{40}$으로 통분할 수 있습니다.

분모가 작을 때는 두 분모의 곱을 공통분모로, 분모가 클 때는 두 분모의 최소공배수를 공통분모로 하는 것이 편리합니다.

질문 ❷ 통분을 이용하여 두 분수 $\frac{5}{9}$와 $\frac{7}{12}$의 크기를 비교해 보세요.

설명하기 ① 두 분모의 곱을 공통분모로 통분하는 방법

$$\left(\frac{5}{9}, \frac{7}{12}\right), \left(\frac{5\times12}{9\times12}, \frac{7\times9}{12\times9}\right) \Rightarrow \left(\frac{60}{108}, \frac{63}{108}\right) \Rightarrow \frac{5}{9}<\frac{7}{12}$$

② 두 분모의 최소공배수를 공통분모로 통분하는 방법

$$\left(\frac{5}{9}, \frac{7}{12}\right), \left(\frac{5\times4}{9\times4}, \frac{7\times3}{12\times3}\right) \Rightarrow \left(\frac{20}{36}, \frac{21}{36}\right) \Rightarrow \frac{5}{9}<\frac{7}{12}$$

1 $\frac{7}{15}$과 $\frac{3}{20}$을 통분하려고 합니다. 공통분모가 될 수 있는 것을 찾아 ○표 해 보세요.

5 12 50 60 100

2 두 분수를 통분해 보세요.

(1) $\left(\frac{7}{30}, \frac{4}{9}\right) \Rightarrow \left(\frac{\square}{90}, \frac{\square}{90}\right)$

(2) $\left(\frac{5}{12}, \frac{3}{4}\right) \Rightarrow \left(\frac{\square}{12}, \frac{\square}{12}\right)$

(3) $\left(\frac{1}{8}, \frac{3}{7}\right) \Rightarrow \left(\frac{\square}{56}, \frac{\square}{56}\right)$

(4) $\left(\frac{2}{15}, \frac{5}{6}\right) \Rightarrow \left(\frac{\square}{30}, \frac{\square}{30}\right)$

3 두 분수를 다음과 같이 통분했습니다. □ 안에 알맞은 수를 써넣으세요.

$\left(\frac{\square}{15}, \frac{1}{3}\right) \Rightarrow \left(\frac{21}{45}, \frac{15}{45}\right)$

4 $\frac{1}{22}$과 $\frac{4}{11}$를 통분하려고 합니다. 공통분모가 될 수 있는 수 중에서 50보다 작은 수는 모두 몇 개인지 구해 보세요.

( )

5 두 분수 중 더 큰 수에 ○표 해 보세요.

$\frac{8}{27}$ $\frac{9}{36}$

6 두 분수의 크기를 비교하여 ○ 안에 >, =, <를 알맞게 써넣으세요.

(1) $\frac{9}{42}$ ○ $\frac{3}{21}$

(2) $\frac{3}{77}$ ○ $\frac{3}{11}$

(3) $\frac{32}{72}$ ○ $\frac{5}{18}$

(4) $\frac{7}{12}$ ○ $\frac{11}{20}$

7 $\frac{5}{16}$와 $\frac{1}{6}$을 통분하려고 합니다. 공통분모가 될 수 <u>없는</u> 수를 찾아 ○표 해 보세요.

36 48 96 144 192

8 $\frac{5}{6}$, $\frac{4}{9}$를 통분하려고 합니다. 조건에 맞는 공통분모를 찾아 써 보세요.

조건
- 두 분수의 공통분모는 6과 9의 최소공배수가 아닙니다.
- 두 분수의 공통분모는 54보다 작습니다.

( )

도미노 분수 놀이

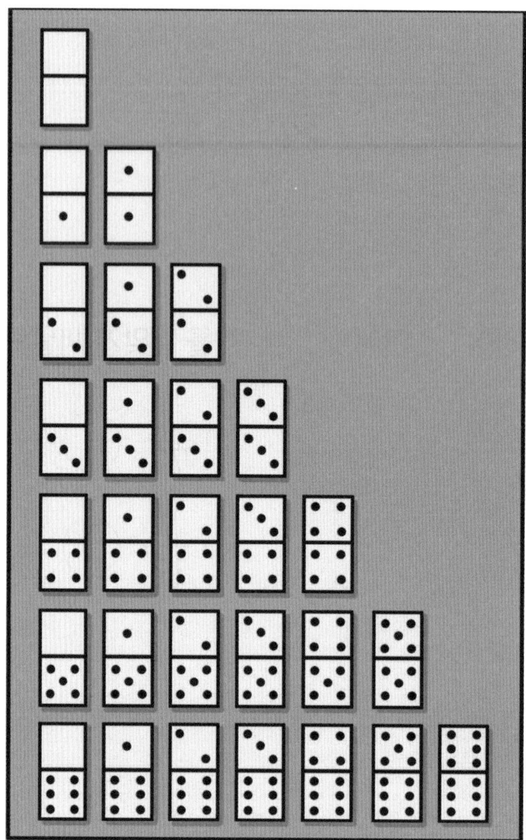

도미노는 정사각형 2개를 이어 붙여 만든 도형으로, 각 정사각형에는 점의 개수가 0부터 6개까지 그려져 있다. 도미노를 세워 분수로 이용하면 다양한 분수 놀이를 할 수 있다. 도미노를 활용한 분수 놀이 방법을 알아보자.

인원: 2명

놀이 준비

❶ 0 도미노(빈칸이 있는 도미노)는 제외한다.

❷ 도미노를 분수로 읽을 때, 분자가 분모보다 작거나 같은 방향으로 읽는다.

규칙

❶ 참가자는 모두 동시에 도미노를 낸다.

❷ 크기가 더 큰 도미노를 낸 사람이 자신의 도미노와 상대방이 낸 도미노를 가져간다.
(도미노의 크기가 같다면 분모가 더 작은 분수를 낸 사람이 도미노를 가져간다.)

❸ 가져간 도미노는 다시 낼 수 없다.

❹ 도미노를 다 내면 놀이는 끝이 난다.

❺ 도미노를 더 많이 가져간 사람이 놀이에서 이긴다.

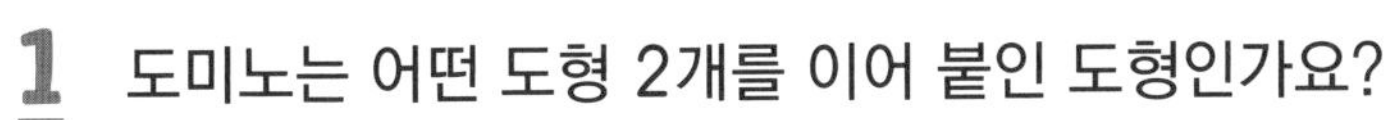

1 도미노는 어떤 도형 2개를 이어 붙인 도형인가요?

( )

2 도미노의 두 도형에 그려진 점의 수를 더했을 때 나올 수 없는 수는? ( )

① 3 ② 7 ③ 8

④ 12 ⑤ 14

3 놀이 규칙에 따라 도미노 를 분수로 나타내어 보세요.

( )

4 과 중 어느 분수를 낸 사람이 도미노를 가져가는지 ○표 해 보세요.

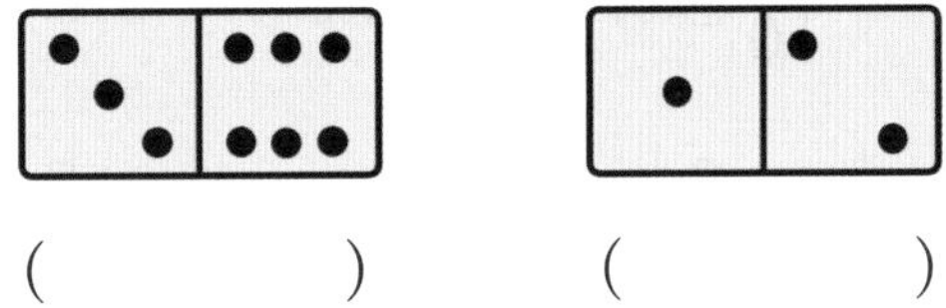

( ) ( )

5 와 를 통분하여 □ 안에 알맞은 분수를 써넣고, ○ 안에 >, =, <를 알맞게 써넣으세요.

12 분수와 소수의 크기 비교

약분과 통분

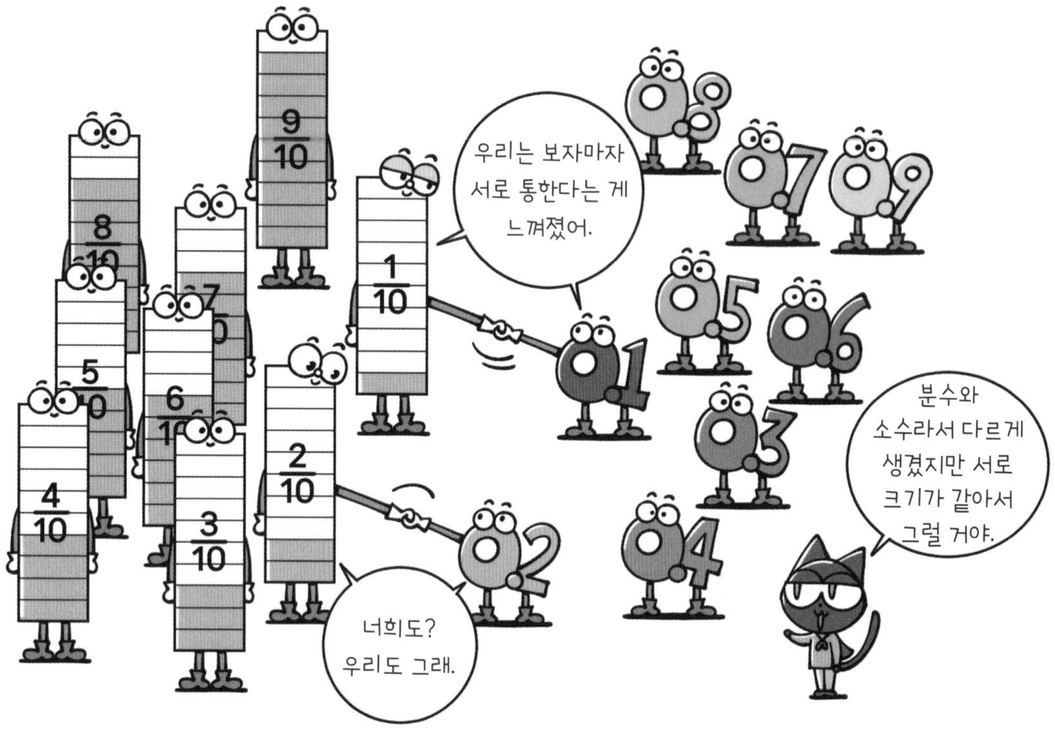

step 1 30초 개념

• 분수와 소수의 크기 비교는 분수를 소수로 나타내거나 소수를 분수로 나타내어 비교합니다.

$\frac{1}{10}$, $\frac{2}{10}$, $\frac{3}{10}$ …… $\frac{9}{10}$는 0.1, 0.2, 0.3 …… 0.9와 크기가 각각 같습니다.

0	$\frac{1}{10}$	$\frac{2}{10}$	$\frac{3}{10}$	$\frac{4}{10}$	$\frac{5}{10}$	$\frac{6}{10}$	$\frac{7}{10}$	$\frac{8}{10}$	$\frac{9}{10}$	1
	0.1	0.2	0.3	0.4	0.5	0.6	0.7	0.8	0.9	

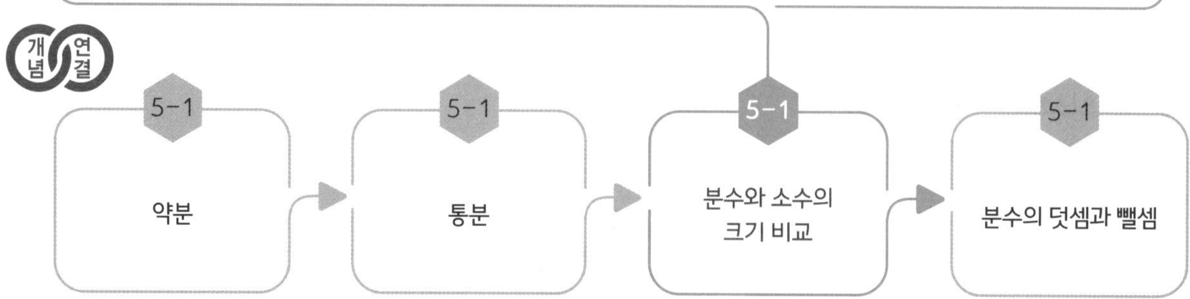

step 2 설명하기

질문 ❶ 분수를 소수로 나타내어 보세요.

(1) $\frac{2}{5}$　　　(2) $\frac{2}{25}$

설명하기 (1) $\frac{2}{5}$를 소수로 나타내려면 분모를 10으로 만들기 위해 분모와 분자에 각각 2를 곱합니다.

$$\frac{2}{5}=\frac{2\times2}{5\times2}=\frac{4}{10}$$

$\frac{4}{10}=0.4$이므로 $\frac{2}{5}=0.4$입니다.

(2) $\frac{2}{25}$를 소수로 나타내려면 분모를 100으로 만들기 위해 분모와 분자에 각각 4를 곱합니다.

$$\frac{2}{25}=\frac{2\times4}{25\times4}=\frac{8}{100}=0.08$$

분수를 소수로 나타내기 위해서는 분모를 10 또는 100으로 나타내야 합니다.

질문 ❷ $\frac{2}{5}$와 0.5의 크기를 두 가지 방법으로 비교해 보세요.

(1) 분수를 소수로 나타내어 크기를 비교하는 방법
(2) 소수를 분수로 나타내어 크기를 비교하는 방법

설명하기 (1) $\frac{2}{5}=\frac{4}{10}=0.4$ ➡ $0.4<0.5$ ➡ $\frac{2}{5}<0.5$

(2) $\frac{2}{5}=\frac{4}{10}$, $0.5=\frac{5}{10}$ ➡ $\frac{4}{10}<\frac{5}{10}$ ➡ $\frac{2}{5}<0.5$

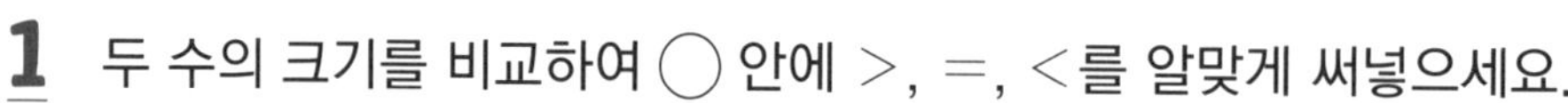

1 두 수의 크기를 비교하여 ◯ 안에 $>$, $=$, $<$를 알맞게 써넣으세요.

(1) $0.7 \bigcirc \frac{4}{10}$ (2) $0.3 \bigcirc \frac{9}{30}$

(3) $0.33 \bigcirc \frac{8}{25}$ (4) $0.1 \bigcirc \frac{1}{8}$

2 $\frac{27}{40}$보다 작은 수를 모두 고르세요. (　　　　　)

① 0.5　② 0.6　③ 0.7
④ 0.8　⑤ 0.9

3 0.5보다 작은 분수는? (　　　　　)

① $\frac{2}{3}$　② $\frac{15}{25}$　③ $\frac{13}{21}$
④ $\frac{22}{45}$　⑤ $\frac{10}{20}$

4 가장 큰 수에 ○표, 가장 작은 수에 △표 해 보세요.

$\frac{1}{5}$　0.125　$\frac{19}{40}$

5 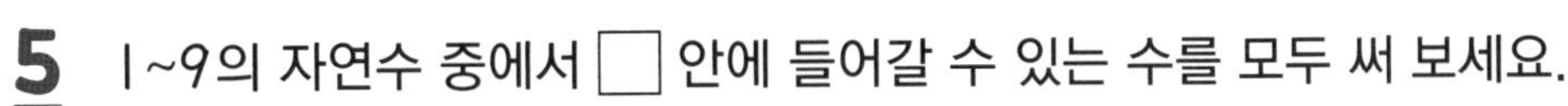
1~9의 자연수 중에서 □ 안에 들어갈 수 있는 수를 모두 써 보세요.

$$\frac{7}{25} > 0.\square$$

(   )

6 크기를 비교하여 큰 수부터 순서대로 기호를 써 보세요.

㉠ $\frac{24}{5}$　　㉡ $3\frac{5}{8}$　　㉢ 4.1

(   )

7 도서관에서 집까지의 거리가 더 먼 사람은 누구인지 이름을 써 보세요.

(   )

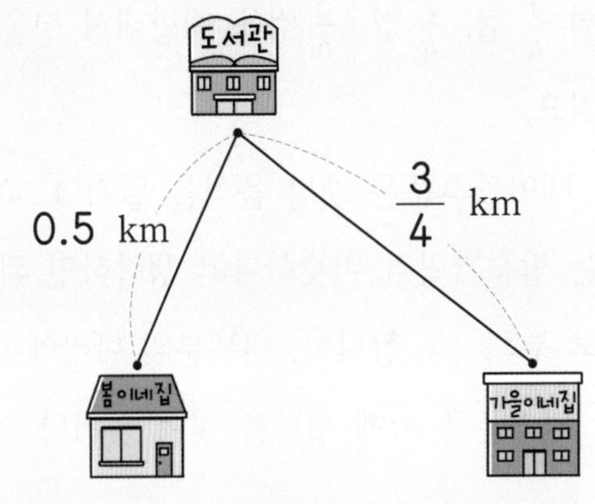

8 크기를 비교하여 작은 수부터 순서대로 써 보세요.

$\frac{17}{25}$　　0.7　　$\frac{7}{20}$　　$\frac{9}{50}$

(   )

맛있는 요리를 위한 계량* 도구

계량 도구는 주방에서 요리를 할 때 유용하게 사용되는 도구입니다. 계량컵을 사용하면 정확하게 계량해서 레시피대로 요리할 수 있어요. 맛있는 요리를 위해 각 재료를 적당히 넣어 주는 것은 매우 중요하지요. 또 계량 도구를 사용하면 재료의 양을 바로 측정하고 추가하기가 편리해요. 이 때문에 요리책에는 다양한 계량 도구가 나와 있는데요, 요리를 할 때 사용하는 계량 도구에는 어떤 것들이 있는지 알아보아요.

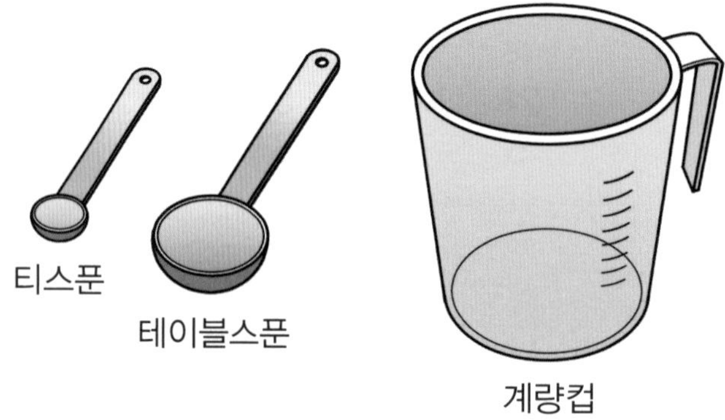

나라마다 조금 차이가 있지만 우리나라에서 계량컵 1컵은 200 mL예요. 주로 4등분을 하여 $\frac{1}{4}$컵, $\frac{2}{4}$컵, $\frac{3}{4}$컵을 계량해서 넣을 수 있도록 계량컵에는 4등분을 하는 눈금이 적혀 있지요.

테이블스푼은 옛날 음식을 덜거나, 스프를 먹을 때 사용했던 숟가락입니다. 우리가 사용하는 밥숟가락과 비슷하다고 생각하면 되겠지요. 경우에 따라서는 1테이블스푼을 1 T, 1큰술로 부르기도 합니다. 대부분의 나라에서 1테이블스푼은 15 mL예요.

티스푼은 차에 설탕을 넣어 젓거나, 한 모금 마시기에 알맞은 조그마한 숟가락에서 유래했어요. 1티스푼은 5 mL로 1 t, 1작은술로 부르지요. 1티스푼은 1테이블스푼의 $\frac{1}{3}$이랍니다.

* **계량**: 부피, 무게 따위를 잼

1 글의 내용으로 알맞지 않은 것은? (　　　　)

① 계량 도구를 사용하면 얼마나 넣었는지 알 수 없다.
② 계량 도구를 사용하면 재료의 양을 측정하기 편리하다.
③ 계량컵 1컵은 200 mL이다.
④ 테이블스푼은 음식을 덜거나 스프를 먹을 때 사용했던 숟가락이다.
⑤ 티스푼은 차에 설탕을 넣어 젓거나 한 모금 마시기에 알맞은 숟가락이다.

2 들이가 가장 작은 계량 도구부터 차례대로 기호를 써 보세요.

㉠ 계량컵	㉡ 테이블스푼	㉢ 티스푼

(　　　　　　　　)

3 양을 비교하여 ◯ 안에 >, =, <를 알맞게 써넣으세요.

(1) 0.8컵 ◯ $\frac{1}{4}$컵　　(2) 0.5 T ◯ $\frac{1}{3}$T

(3) $\frac{2}{3}$T ◯ 1 t　　(4) $\frac{1}{2}$t ◯ 0.3 t

4 $\frac{3}{4}$컵을 소수로 바꾸어 나타내려고 합니다. □ 안에 알맞은 수를 써넣으세요.

$$\frac{3}{4}=\frac{3\times\square}{4\times\square}=\frac{\square}{\square}=0.\square\square$$

13 분수의 덧셈과 뺄셈

진분수의 덧셈

step 1 30초 개념

- 분모가 다른 분수의 덧셈 방법
  ① 분모가 다르면 단위의 크기가 다르기 때문에 통분을 통하여 분모를 같게 합니다.
  ② 분모가 같아지면 분모가 같은 분수의 덧셈 방법을 이용하여 계산합니다.
  ③ 계산한 결과가 가분수이면 대분수로 고칠 수 있습니다.

$$\frac{3}{4}+\frac{5}{6}=\underbrace{\frac{3\times3}{4\times3}+\frac{5\times2}{6\times2}}_{\text{분모를 통분}}=\underbrace{\frac{9}{12}+\frac{10}{12}}_{\text{분모가 같은 분수의 덧셈}}=\frac{19}{12}=1\frac{7}{12}$$

개념 연결

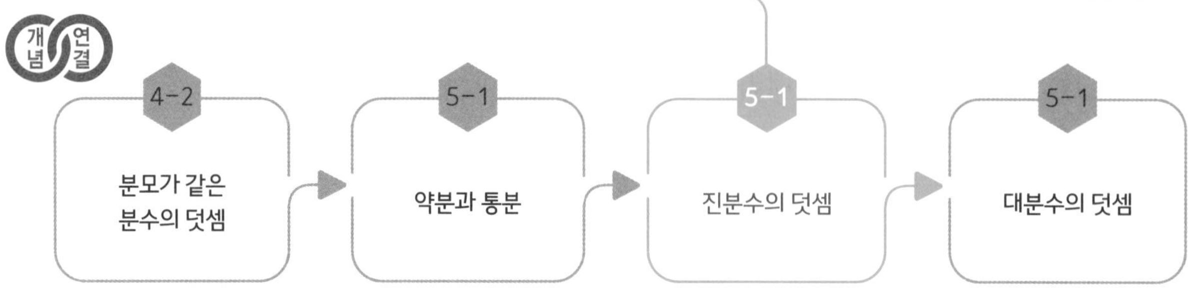

질문 ❶ $\frac{1}{6}+\frac{3}{8}$을 분모의 곱을 공통분모로 통분하여 계산해 보세요.

설명하기 $\frac{1}{6}+\frac{3}{8}$에서 분모의 곱을 공통분모로 통분하여 분수의 덧셈을 할 수 있습니다.

$$\frac{1}{6}+\frac{3}{8}=\frac{1\times8}{6\times8}+\frac{3\times6}{8\times6}=\frac{8}{48}+\frac{18}{48}=\frac{26}{48}=\frac{13}{24}$$

질문 ❷ $\frac{3}{4}+\frac{7}{10}$을 분모의 최소공배수를 공통분모로 통분하여 계산해 보세요.

설명하기 $\frac{3}{4}+\frac{7}{10}$에서 분모의 최소공배수인 20을 공통분모로 통분하여 분수의 덧셈을 할 수 있습니다.

$$\frac{3}{4}+\frac{7}{10}=\frac{3\times5}{4\times5}+\frac{7\times2}{10\times2}=\frac{15}{20}+\frac{14}{20}=\frac{29}{20}=1\frac{9}{20}$$

덧셈의 결과가 가분수이면 대분수로 고칠 수 있습니다.

분모의 곱을 공통분모로 통분하는 것은 분모끼리 곱하면 되므로 공통분모를 구하기 쉽습니다.

분모의 최소공배수로 통분하면 분자끼리의 덧셈이 간편합니다.

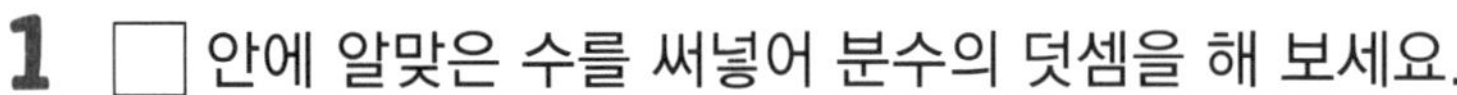

1 □ 안에 알맞은 수를 써넣어 분수의 덧셈을 해 보세요.

$$\frac{1}{4}+\frac{1}{2}$$

$$=\frac{1}{4}+\frac{\square}{\square}$$

$$=\frac{\square}{\square}$$

2 □ 안에 알맞은 수를 써넣으세요.

(1) $\frac{2}{5}+\frac{3}{15}=\frac{\square}{15}+\frac{3}{15}=\square$

(2) $\frac{2}{9}+\frac{4}{12}=\frac{\square}{36}+\frac{\square}{36}=\square$

(3) $\frac{4}{7}+\frac{1}{3}=\frac{\square}{21}+\frac{\square}{21}=\square$

(4) $\frac{1}{6}+\frac{4}{9}=\frac{\square}{54}+\frac{\square}{54}=\square$

3 계산 결과를 비교하여 ○ 안에 >, =, <를 알맞게 써넣으세요.

(1) 1 ○ $\frac{4}{7}+\frac{1}{2}$

(2) 2 ○ $\frac{17}{20}+\frac{4}{5}$

4 계산해 보세요.

(1) $\frac{7}{8}+\frac{7}{12}$

(2) $\frac{3}{4}+\frac{5}{6}$

(3) $\frac{13}{15}+\frac{20}{30}$

(4) $\frac{1}{2}+\frac{17}{22}$

5 가장 큰 분수와 가장 작은 분수의 합을 구해 보세요.

$\frac{3}{10}$ $\frac{3}{4}$ $\frac{3}{8}$

( )

step 4 도전 문제

6 계산이 잘못된 부분을 찾아 바르게 고쳐 계산해 보세요.

$$\frac{3}{5}+\frac{7}{10}=\frac{3}{10}+\frac{7}{10}$$
$$=\frac{3+7}{10}$$
$$=\frac{10}{10}$$
$$=1$$

➡ 바른 계산

7 조건 에 알맞은 두 수의 합을 구해 보세요.

조건

- 분모가 3인 단위분수
- 분모가 7이고, 분자가 분모보다 1 작은 분수

( )

무지개탑 만들기

밀도는 일정한 공간에 어떤 물질이 빽빽하게 들어 있는 정도를 말한다. 예를 들어, 철과 나무로 똑같은 크기의 정육면체를 만들면, 두 정육면체는 부피는 같지만 무게는 철로 만든 정육면체가 더 무섭다. 단위부피에 대한 질량의 크기가 밀도이므로, 무거운 철은 밀도가 크고, 가벼운 나무는 밀도가 작다.

밀도는 액체인 용액에서도 다르게 나타날 수 있다. 물에 설탕을 얼마나 넣는지에 따라 밀도가 달라지기 때문이다. 밀도가 높으면 아래로 가라앉게 되는데, 이 성질을 이용해서 무지개탑을 만들어 보자.

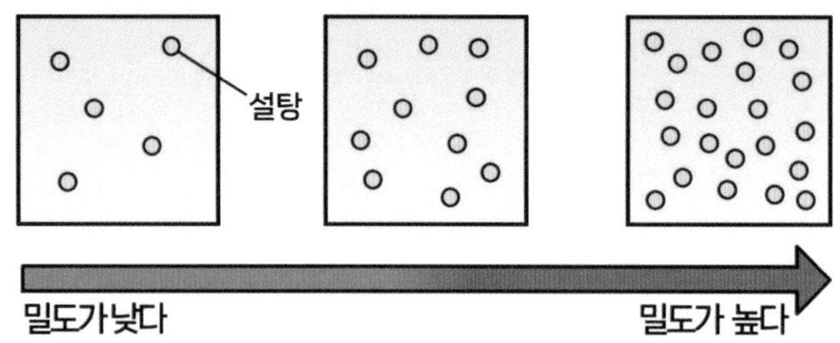

준비물: 설탕, 색소*(빨간색, 초록색, 보라색), 메스실린더, 종이컵 3개, 숟가락, 스포이트, 따뜻한 물

만드는 방법

❶ 종이컵 3개에 각각 빨간색, 초록색, 보라색 색소를 넣는다.

❷ 빨간색 색소가 들어 있는 종이컵에 $\frac{2}{5}$컵만큼의 물을 붓는다.

❸ 초록색 색소가 들어 있는 종이컵에 $\frac{1}{3}$컵만큼의 물을 붓고 설탕을 5스푼 넣는다.

❹ 보라색 색소가 들어 있는 종이컵에 $\frac{1}{5}$컵만큼의 물을 붓고 설탕을 10스푼 넣는다.

❺ 앞에서 만든 용액을 ❹, ❸, ❷의 순서대로 스포이트를 이용하여 메스실린더에 넣는다.

* **색소**: 물체의 색깔이 나타나도록 해 주는 성분

1 밀도의 뜻을 잘 설명한 것은? (　　　　)

① 일정한 온도에서 늘어나는 정도
② 일정한 무게에서 따뜻한 정도
③ 물체의 미끄러운 정도
④ 밀었을 때 더 잘 밀리는 정도
⑤ 단위부피에 대한 질량의 크기

2 다음 중 밀도가 가장 낮은 설탕물은? (　　　　)

① 설탕이 1스푼 들어간 100 mL의 물
② 설탕이 2스푼 들어간 100 mL의 물
③ 설탕이 15스푼 들어간 100 mL의 물
④ 설탕이 10스푼 들어간 100 mL의 물
⑤ 설탕이 5스푼 들어간 100 mL의 물

3 이 글에서 색소에 부은 물의 양이 가장 많은 것은 무엇인지 색소의 색을 써 보세요.

(　　　　　　　　)

4 무지개탑을 만들었을 때 가장 아래쪽에 있는 용액은 무슨 색인지 써 보세요.

(　　　　　　　　)

5 만든 무지개탑의 양은 종이컵으로 모두 몇 컵인지 구해 보세요. (단, 설탕과 색소의 부피는 무시합니다.)

(　　　　　　　　)

14 분수의 덧셈과 뺄셈

대분수의 덧셈

step 1 30초 개념

- 분모가 다른 대분수의 덧셈 방법
  ① 자연수는 자연수끼리, 진분수는 진분수끼리 덧셈을 하여 합을 구합니다.
  ② 진분수끼리 덧셈을 할 때는 통분을 통하여 분모를 같게 한 다음 분모가 같은 분수의 덧셈 방법을 이용하여 계산합니다.
  ③ 진분수끼리 계산한 결과가 가분수이면 대분수로 고쳐서 자연수의 합에 더합니다.

$$1\frac{1}{6}+2\frac{2}{3}=\underbrace{1\frac{1}{6}+2\frac{4}{6}}_{\text{분모를 통분}}=\underbrace{(1+2)}_{\text{자연수끼리}}+\underbrace{\left(\frac{1}{6}+\frac{4}{6}\right)}_{\text{분수끼리}}=3+\frac{5}{6}=3\frac{5}{6}$$

개념 연결

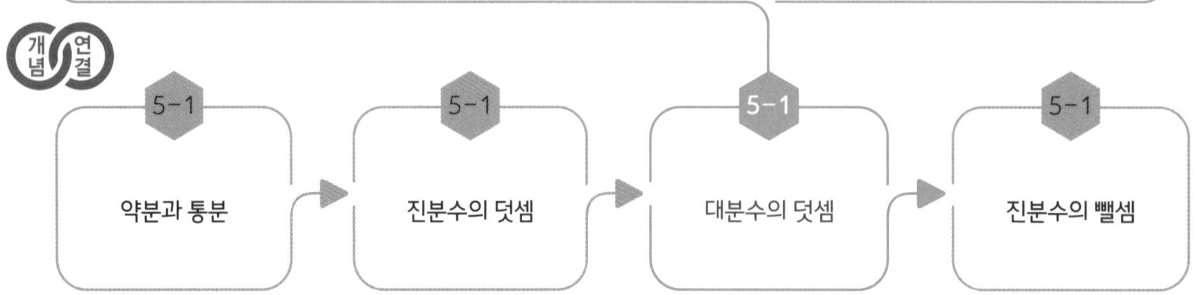

step 2 설명하기

질문 ❶ $2\frac{3}{4}+3\frac{5}{6}$를 자연수는 자연수끼리, 분수는 분수끼리 더해서 계산해 보세요.

설명하기 $2\frac{3}{4}+3\frac{5}{6}$에서 자연수는 자연수끼리, 분수는 분수끼리 더하면

$$2\frac{3}{4}+3\frac{5}{6}=(2+3)+\left(\frac{3}{4}+\frac{5}{6}\right)=5+\left(\frac{9}{12}+\frac{10}{12}\right)$$
$$=5+\frac{19}{12}=5+1\frac{7}{12}=6\frac{7}{12}$$

자연수는 자연수끼리, 분수는 분수끼리 계산하면 분수 부분의 계산이 간편합니다. 덧셈의 결과가 가분수이면 대분수로 고칠 수 있습니다.

질문 ❷ $2\frac{3}{4}+3\frac{5}{6}$를 대분수를 가분수로 고쳐서 계산해 보세요.

설명하기 $2\frac{3}{4}+3\frac{5}{6}$에서 대분수를 가분수로 고치면

$$2\frac{3}{4}+3\frac{5}{6}=\frac{11}{4}+\frac{23}{6}=\frac{33}{12}+\frac{46}{12}=\frac{79}{12}=6\frac{7}{12}$$

대분수를 가분수로 고쳐서 계산하면 자연수 부분과 분수 부분을 따로 떼어 계산하지 않아도 됩니다.

1 보기 와 같이 계산해 보세요.

보기

$$1\frac{2}{3}+2\frac{1}{6}=(1+2)+\left(\frac{2}{3}+\frac{1}{6}\right)=3+\left(\frac{4}{6}+\frac{1}{6}\right)=3+\frac{5}{6}=3\frac{5}{6}$$

(1) $2\frac{3}{5}+3\frac{2}{15}$

(2) $1\frac{1}{4}+1\frac{5}{8}$

2 보기 와 같이 가분수로 나타내어 계산해 보세요.

보기

$$1\frac{2}{3}+2\frac{1}{6}=\frac{5}{3}+\frac{13}{6}=\frac{10}{6}+\frac{13}{6}=\frac{23}{6}=3\frac{5}{6}$$

(1) $1\frac{2}{9}+3\frac{5}{6}$

(2) $2\frac{13}{20}+2\frac{3}{10}$

3 계산 결과를 비교하여 ◯ 안에 >, =, <를 알맞게 써넣으세요.

(1) $3\frac{4}{5}+1\frac{1}{3}$ ◯ 4

(2) $5\frac{1}{2}$ ◯ $2\frac{1}{6}+2\frac{1}{3}$

4 분수의 합이 가장 큰 것을 찾아 기호를 써 보세요.

㉠ $1\frac{3}{5}+1\frac{1}{2}$ ㉡ $1\frac{5}{6}+\frac{2}{3}$ ㉢ $1\frac{3}{5}+1\frac{9}{10}$

(   )

step 4 도전 문제

5 가을이와 겨울이가 덧셈을 계산한 방법입니다. 바르게 계산한 사람의 이름을 써 보세요.

가을	겨울
$1\frac{3}{4}+2\frac{1}{6}=(1+2)+\frac{3}{4}+\frac{1}{6}$ $=3+\frac{4}{10}$ $=3\frac{4}{10}$	$1\frac{3}{4}+2\frac{1}{6}=\frac{7}{4}+\frac{13}{6}$ $=\frac{21}{12}+\frac{26}{12}$ $=\frac{47}{12}$ $=3\frac{11}{12}$

(   )

6 3장의 수 카드 [3], [4], [5] 를 모두 한 번씩만 사용하여 봄이는 가장 작은 대분수를 만들고, 여름이는 가장 큰 대분수를 만들었습니다. 봄이와 여름이가 만든 수 카드의 합을 구해 보세요.

(   )

비빔장 만들기

비빔장은 나물 비빔밥, 비빔국수, 비빔냉면, 쫄면 등 한 그릇 요리를 만들 때 꼭 필요한 재료로서 이 비빔장의 맛이 요리의 맛을 좌우할 정도이다. 매콤, 달콤하고 고소한 비빔장을 만들어 보자.

기준: 2인분

재료:

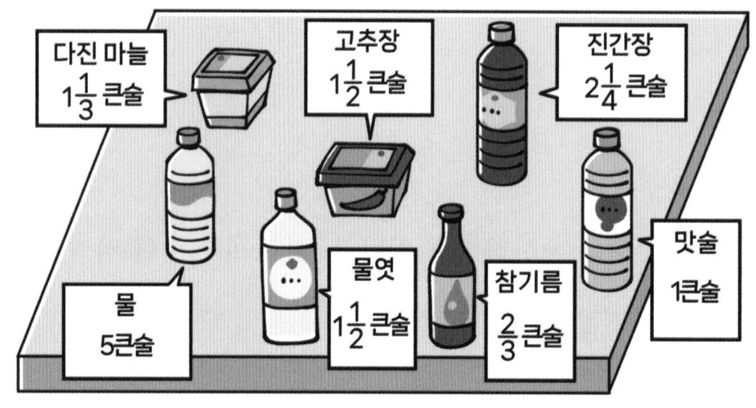

❶ 프라이팬에 다진 마늘, 고추장, 진간장, 맛술, 물을 넣고 골고루 잘 섞는다.

❷ 불을 켜고 약불에서 재료가 끓기 시작할 때 물엿을 넣는다.

❸ 다시 보글보글 끓으면 참기름을 넣고 불을 끈다.

※ 주의 사항: 고추장 양념은 센 불에 볶으면 타기 쉬우므로 꼭 약불에서 저어 가며 볶는다.

1 비빔장이 들어가는 요리로 알맞지 않은 것은? (　　　　)

① 비빔밥　　② 김치찌개　　③ 쫄면
④ 비빔냉면　　⑤ 비빔국수

2 비빔장을 만들 때 필요한 재료로 알맞지 않은 것은? (　　　　)

① 고추장　　② 마늘　　③ 당근
④ 맛술　　⑤ 참기름

3 다진 마늘, 고추장, 진간장, 맛술, 물을 합하면 모두 몇 큰술이 되는지 구해 보세요.

(　　　　　　)

4 ❶에 물엿을 넣으면 모두 몇 큰술이 되는지 구해 보세요. (단, 증발된 양은 생각하지 않습니다.)

(　　　　　　)

5 완성된 비빔장은 모두 몇 큰술인지 구해 보세요. (단, 증발된 양은 생각하지 않습니다.)

(　　　　　　)

15 분수의 덧셈과 뺄셈

진분수의 뺄셈

step 1 30초 개념

• 분모가 다른 분수의 뺄셈 방법

① 분모가 다르면 단위의 크기가 다르기 때문에 통분을 통하여 분모를 같게 합니다.

② 분모가 같아지면 분모가 같은 분수의 뺄셈 방법을 이용하여 계산합니다.

$$\frac{5}{6}-\frac{1}{4}=\underbrace{\frac{5\times2}{6\times2}-\frac{1\times3}{4\times3}}_{\text{분모를 통분}}=\underbrace{\frac{10}{12}-\frac{3}{12}}_{\text{분모가 같은 분수의 뺄셈}}=\frac{7}{12}$$

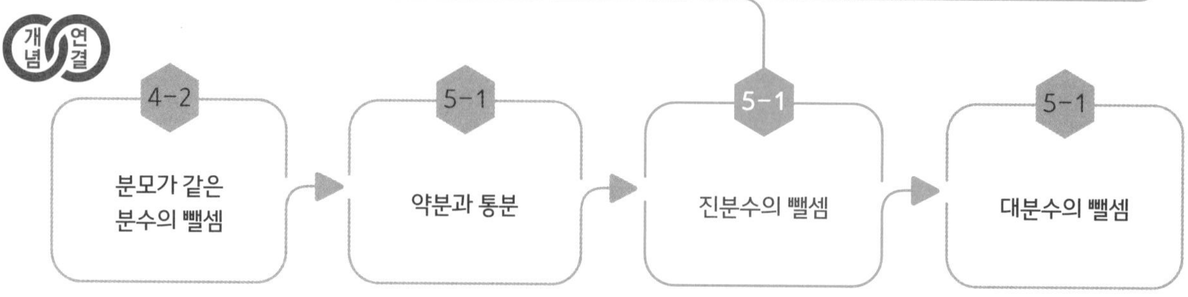

질문 ❶ $\frac{3}{4}-\frac{1}{6}$을 분모의 곱을 공통분모로 통분하여 계산해 보세요.

설명하기 $\frac{3}{4}-\frac{1}{6}$에서 분모의 곱을 공통분모로 통분하여 분수의 뺄셈을 할 수 있습니다.

$$\frac{3}{4}-\frac{1}{6}=\frac{3\times6}{4\times6}-\frac{1\times4}{6\times4}=\frac{18}{24}-\frac{4}{24}=\frac{14}{24}=\frac{7}{12}$$

질문 ❷ $\frac{3}{4}-\frac{1}{6}$을 분모의 최소공배수를 공통분모로 통분하여 계산해 보세요.

설명하기 $\frac{3}{4}-\frac{1}{6}$에서 분모의 최소공배수 12를 공통분모로 통분하여 분수의 뺄셈을 할 수 있습니다.

$$\frac{3}{4}-\frac{1}{6}=\frac{3\times3}{4\times3}-\frac{1\times2}{6\times2}=\frac{9}{12}-\frac{2}{12}=\frac{7}{12}$$

분모의 곱을 공통분모로 통분하는 것은 분모끼리 곱하면 되므로 공통분모를 구하기 쉽습니다.
분모의 최소공배수로 통분하면 분자끼리의 뺄셈이 간편합니다.

1 □ 안에 알맞은 수를 써넣어 분수의 뺄셈을 해 보세요.

$$\frac{5}{6}-\frac{1}{3} \Rightarrow$$

$$=\frac{5}{6}-\frac{\square}{\square} \Rightarrow$$

$$=\frac{\square}{\square}$$

2 보기 와 같이 두 분모의 곱으로 통분하여 계산해 보세요.

보기

$$\frac{6}{7}-\frac{1}{4}=\frac{6\times4}{7\times4}-\frac{1\times7}{4\times7}=\frac{24}{28}-\frac{7}{28}=\frac{17}{28}$$

(1) $\frac{3}{4}-\frac{2}{5}$

(2) $\frac{7}{10}-\frac{1}{2}$

3 보기 와 같이 두 분모의 최소공배수로 통분하여 계산해 보세요.

보기

$$\frac{9}{10}-\frac{3}{4}=\frac{9\times2}{10\times2}-\frac{3\times5}{4\times5}=\frac{18}{20}-\frac{15}{20}=\frac{3}{20}$$

(1) $\frac{7}{15}-\frac{2}{9}$

(2) $\frac{19}{24}-\frac{5}{8}$

4 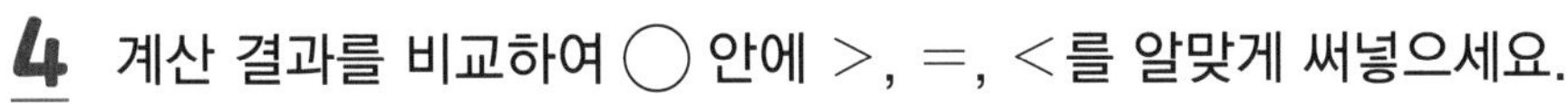
계산 결과를 비교하여 ◯ 안에 >, =, <를 알맞게 써넣으세요.

(1) $\frac{4}{9}-\frac{1}{4}$ ◯ $\frac{11}{12}-\frac{5}{6}$

(2) $\frac{3}{5}-\frac{8}{15}$ ◯ $\frac{7}{10}-\frac{1}{3}$

(3) $\frac{5}{6}-\frac{4}{9}$ ◯ $\frac{7}{10}-\frac{1}{30}$

(4) $\frac{11}{12}-\frac{4}{15}$ ◯ $\frac{49}{60}-\frac{9}{20}$

step 4 도전 문제

5 두유를 봄이는 $\frac{3}{5}$ L 마셨고, 가을이는 $\frac{11}{15}$ L 마셨습니다. 누가 몇 L 더 많이 마셨는지 구해 보세요.

(,)

6 계산이 잘못된 부분을 찾아 바르게 고쳐 계산해 보세요.

$$\frac{8}{15}-\frac{4}{9}=\frac{80}{90}-\frac{40}{90}$$
$$=\frac{40}{90}$$
$$=\frac{4}{9}$$

➡ 바른 계산

어항 물갈이

어항의 물은 상하거나 썩기 쉽다. 바다나 강처럼 흐르는 물이 아니라 고여 있는 물에 물고기들의 배설물이 계속 쌓이기 때문이다. 물고기를 잘 키우기 위해서는 지저분한 물을 빼고 새로운 물을 넣어야 하는데, 이때 물을 일부분만 빼내고 채워야 물고기들이 새로운 물에 잘 적응할 수 있다. 어항의 물을 가는 방법을 알아보자.

준비물:

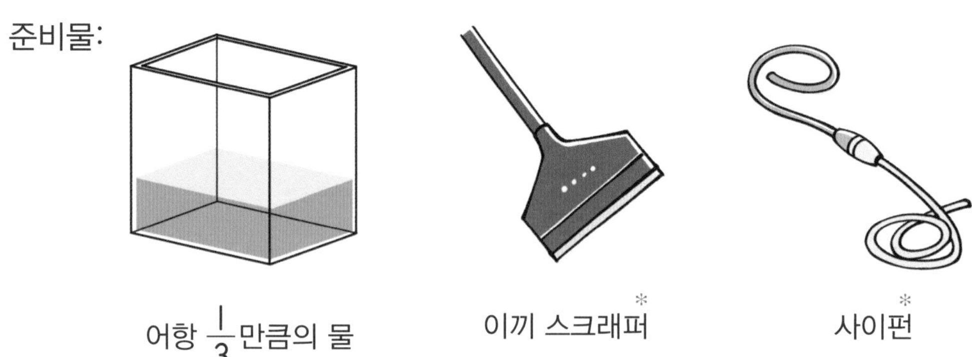

어항 $\frac{1}{3}$만큼의 물　　이끼 스크래퍼*　　사이펀*

❶ 어항의 $\frac{1}{3}$만큼의 수돗물을 받아 하루 정도 둔다. 이렇게 하면 수돗물에 섞인 염소를 증발시킬 수 있다.

❷ 이끼 스크래퍼로 어항 벽에 붙은 이끼나 찌꺼기를 닦는다.

❸ 사이펀으로 어항 벽의 찌꺼기와 어항 안의 더러운 물을 빼낸다. 어항의 $\frac{1}{5}$만큼의 물을 빼내면서 이끼와 찌꺼기가 잘 나왔는지 확인한다.

❹ 갈아 넣을 물의 온도를 어항의 온도와 같게 만든 다음, 어항에 물을 천천히 부어 넣는다. 빠르게 넣으면 어항의 하부 장식이나 생물들에 피해를 줄 수 있으므로 최대한 벽면을 따라 흐르거나 천천히 흐를 수 있도록 붓는다.

어항의 물을 갈아 준 후에는 물고기가 새로운 물에 잘 적응하는지를 수시로 확인한다. 또 어항의 물을 너무 자주 갈아도 물고기가 적응하기 힘들고, 너무 늦게 갈아도 병에 걸릴 수 있으므로 적당한 주기의 물갈이 기간을 잘 살펴보아야 한다.

＊**스크래퍼**: 유리 면을 닦는 도구
＊**사이펀**: 물을 빼내는 도구

1 어항의 물을 갈아 줄 때 주의할 점이 아닌 것은? (　　　　)

① 어항의 물 전체를 매번 갈아 준다.
② 어항의 물을 너무 자주 갈아 주면 안 된다.
③ 물고기가 잘 적응하는지 확인한다.
④ 새로운 물의 온도는 어항 속 물의 온도와 같아야 한다.
⑤ 수돗물을 하루 정도 받아 두었다가 사용한다.

2 어항의 물을 가는 순서대로 기호를 써 보세요.

㉠ 어항의 $\frac{1}{3}$만큼의 새로운 물을 넣어준다.
㉡ 스크래퍼로 어항의 벽면을 닦아 준다.
㉢ 사이펀으로 어항의 더러운 물을 빼낸다.

(　　　　　　　　)

[3～5] 어항의 물을 갈아 주려고 합니다. 물음에 답하세요.

3 더러운 물을 얼마나 빼내야 하는지 써 보세요.

어항의 (　　　　)만큼

4 새로운 물을 얼마나 넣어야 하는지 써 보세요.

어항의 (　　　　)만큼

5 넣으려고 준비한 물과 빼낸 물의 차를 구해 보세요.

(　　　　　　　　)

16 분수의 덧셈과 뺄셈

대분수의 뺄셈

step 1 30초 개념

• 분모가 다른 대분수의 뺄셈 방법

① 자연수는 자연수끼리, 진분수는 진분수끼리 뺄셈을 하여 차를 구합니다.

② 빼는 수의 분수 부분이 빼지는 수의 분수 부분보다 크면 자연수 부분에서 1을 받아내림하여 가분수로 바꾸어 계산합니다.

③ 대분수를 가분수로 바꾸어 계산할 수도 있습니다.

$$2\frac{1}{5}-1\frac{2}{3}=2\frac{3}{15}-1\frac{10}{15}=1\frac{18}{15}-1\frac{10}{15}=(1-1)+\left(\frac{18}{15}-\frac{10}{15}\right)=\frac{8}{15}$$

자연수 부분에 1을 받아내림

개념 연결

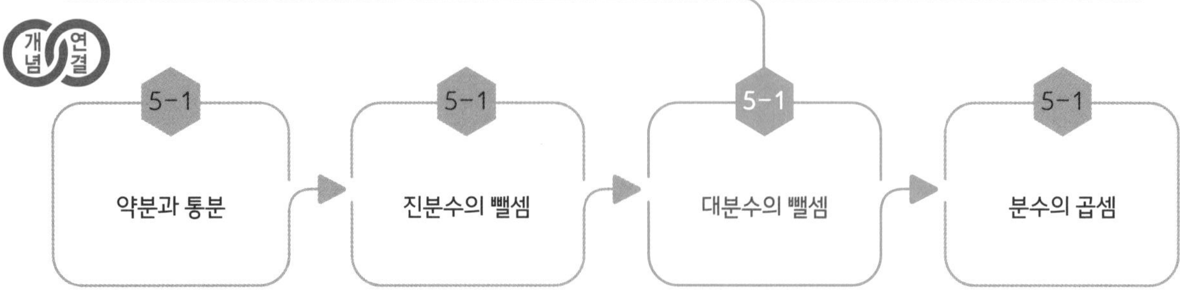

질문 ❶ $5\frac{1}{3}-3\frac{1}{2}$을 자연수는 자연수끼리, 분수는 분수끼리 빼서 계산해 보세요.

설명하기 $5\frac{1}{3}-3\frac{1}{2}$에서 자연수는 자연수끼리, 분수는 분수끼리 빼서 대분수의 뺄셈을 할 수 있습니다. 이때 빼는 수의 분수 부분이 빼지는 수의 분수 부분보다 크면 자연수 부분에서 1을 받아내림하여 가분수로 바꾸어 계산합니다.

$$5\frac{1}{3}-3\frac{1}{2}=5\frac{2}{6}-3\frac{3}{6}=4\frac{8}{6}-3\frac{3}{6}=(4-3)+\left(\frac{8}{6}-\frac{3}{6}\right)=1+\frac{5}{6}=1\frac{5}{6}$$

질문 ❷ $5\frac{1}{3}-3\frac{1}{2}$을 대분수를 가분수로 고쳐서 계산해 보세요.

설명하기 $5\frac{1}{3}-3\frac{1}{2}$에서 대분수를 가분수로 고치면

$$5\frac{1}{3}-3\frac{1}{2}=\frac{16}{3}-\frac{7}{2}=\frac{32}{6}-\frac{21}{6}=\frac{11}{6}=1\frac{5}{6}$$

자연수는 자연수끼리, 분수는 분수끼리 계산하면 분수 부분의 계산이 간편합니다. 대분수를 가분수로 고쳐서 계산하면 자연수 부분과 분수 부분을 분리하거나 받아내림을 하지 않아도 계산할 수 있습니다.

1 보기 와 같이 계산해 보세요.

보기

$$2\frac{3}{4}-2\frac{1}{6}=2\frac{9}{12}-2\frac{2}{12}=(2-2)+\left(\frac{9}{12}-\frac{2}{12}\right)=\frac{7}{12}$$

(1) $3\frac{4}{7}-2\frac{3}{14}$

(2) $3\frac{1}{6}-1\frac{2}{3}$

2 보기 와 같이 가분수로 나타내어 계산해 보세요.

보기

$$2\frac{3}{5}-1\frac{4}{15}=\frac{13}{5}-\frac{19}{15}=\frac{39}{15}-\frac{19}{15}=\frac{20}{15}=1\frac{5}{15}=1\frac{1}{3}$$

(1) $2\frac{3}{4}-1\frac{1}{3}$

(2) $4\frac{2}{7}-2\frac{3}{4}$

3 계산 결과를 비교하여 ◯ 안에 $>$, $=$, $<$를 알맞게 써넣으세요.

(1) $2\frac{3}{8}-1\frac{6}{7}$ ◯ 1

(2) $1\frac{1}{3}$ ◯ $5\frac{1}{3}-3\frac{4}{5}$

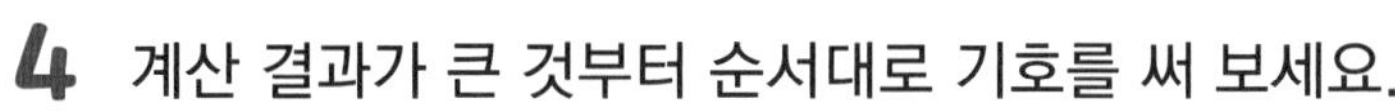

4 계산 결과가 큰 것부터 순서대로 기호를 써 보세요.

㉠ $3\frac{3}{5}-1\frac{1}{2}$　　㉡ $1\frac{3}{7}-\frac{1}{2}$　　㉢ $2\frac{5}{6}-1\frac{1}{3}$

(　　　　　　　　)

5 봄이와 겨울이가 농장에서 토마토를 $3\frac{2}{7}$ kg 땄습니다. 봄이가 $1\frac{9}{28}$ kg을 땄을 때 겨울이가 딴 토마토의 무게는 몇 kg인가요?

(　　　　　　　　)

step 4 도전 문제

6 □ 안에 알맞은 수를 써넣으세요.

(1) $\square-2\frac{7}{10}=1\frac{2}{5}$　　　　(2) $4\frac{6}{11}-\square=1\frac{5}{33}$

7 하늘이가 어떤 수에서 $1\frac{2}{8}$를 빼야 할 것을 잘못하여 더했더니 $4\frac{1}{16}$이 되었습니다. 바르게 계산한 값을 구해 보세요.

(　　　　　　　　)

물의 증발

아침 일찍 밖에 나가면 풀잎에 이슬이 맺혀 있고, 젖은 빨래를 널어놓으면 곧 빳빳하게 마른다. 풀잎의 이슬이나 빨래에 있던 물은 어디로 가는 것일까? 비 온 뒤 젖어 있던 온 세상의 물은 모두 어디로 가는 것일까? 이 모든 현상에는 '증발'이라는 과학적인 원리가 숨어 있다. 증발이란 물이 액체의 표면에서 수증기로 변하는 현상을 말한다.

우리는 생활 속에서 물이 증발하는 현상을 쉽게 찾아볼 수 있다. 머리가 마르고 오징어가 마르는 것, 어항의 물이 줄어드는 것 모두 증발의 예이다. 그렇다면 증발이 더 빨리 되게 하려면 어떻게 해야 할까? 실험을 통해 알아보자.

준비물: 비커, 수조, 물

❶ 비커와 수조에 각각 2 L의 물을 넣는다.

❷ 비커와 수조를 햇빛이 잘 드는 곳에 일주일간 둔다.

❸ 일주일 후 남아 있는 물의 양을 비교한다.

이 실험을 통해 우리는 물이 수증기로 변할 수 있는 표면을 넓게 할 때 증발이 더 잘 일어나는지 확인할 수 있다. 실험 결과, 비커에 남은 물은 $1\frac{3}{4}$ L, 수조에 남은 물은 $1\frac{1}{5}$ L였다. 공기와 만나는 면이 더 넓을수록 증발이 더 빨리 일어난다는 것을 알 수 있다. 각자 직접 실험해보고 증발된 물의 양이 얼마나 차이 나는지 비교해 보자.

1 물이 증발하는 현상의 예시로 알맞은 것은? (　　　　　)

① 바람이 불면 나뭇잎이 흔들린다.
② 물을 얼리면 부피가 커진다.
③ 씨앗에 물을 주면 싹이 튼다.
④ 빨래를 널어놓으면 빨래가 마른다.
⑤ 우산을 쓰면 옷이 젖지 않는다.

2 증발이 더 빨리 되게 하는 방법으로 알맞은 것은? (　　　　　)

① 습한 날 물이 증발되도록 한다.
② 추운 곳에서 물이 증발되도록 한다.
③ 물을 랩이나 뚜껑으로 막아 두고 증발되게 한다.
④ 주변에 젖은 물건을 많이 둔다.
⑤ 물이 공기와 더 넓은 표면으로 만나서 증발되게 한다.

[3～5] 실험 결과를 보고 물음에 답하세요.

3 비커에서 증발된 물의 양을 구해 보세요.

(　　　　　　　　　)

4 수조에서 증발된 물의 양을 구해 보세요.

(　　　　　　　　　)

5 비커와 수조 중 어느 쪽의 물이 몇 L 더 많이 증발되었는지 구해 보세요.

(　　　　　,　　　　　)

17 다각형의 둘레

다각형의 둘레와 넓이

step 1 30초 개념

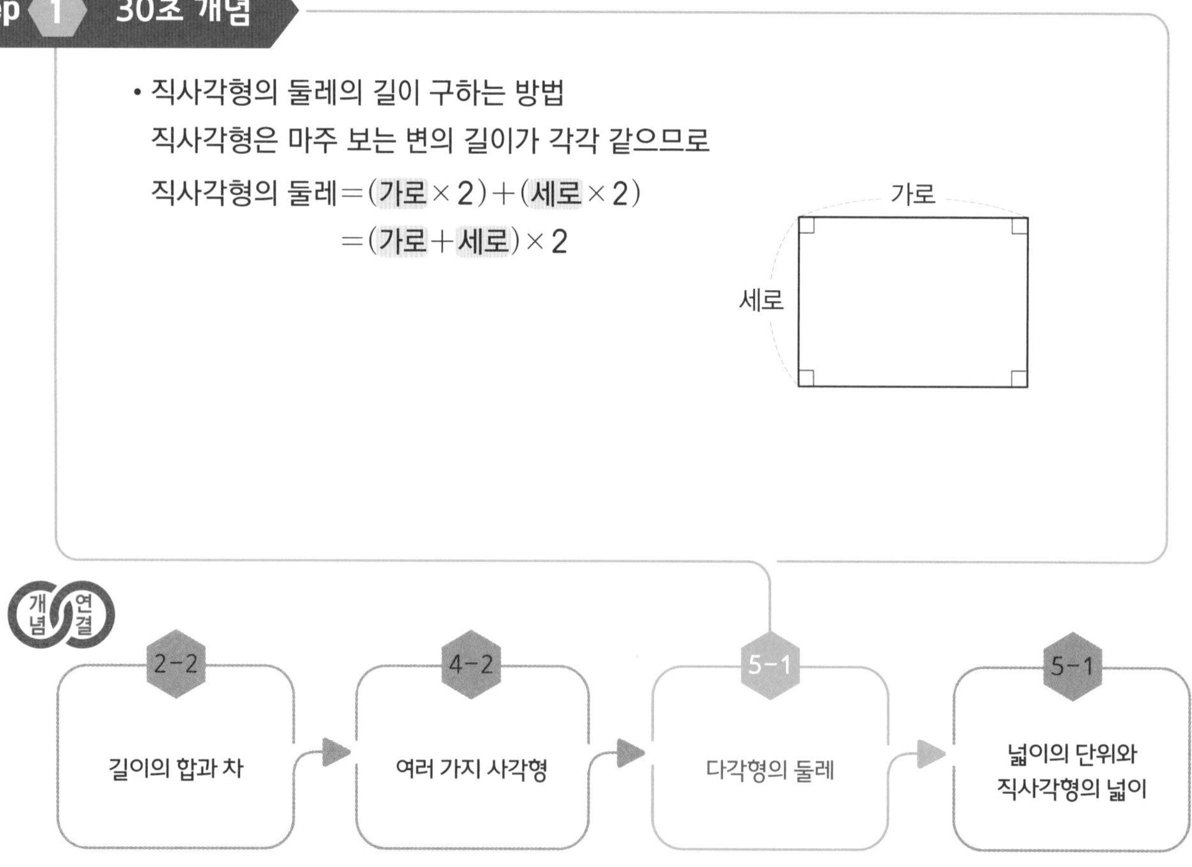

- 직사각형의 둘레의 길이 구하는 방법

  직사각형은 마주 보는 변의 길이가 각각 같으므로

  직사각형의 둘레$=$(가로$\times 2$)$+$(세로$\times 2$)

  $=$(가로$+$세로)$\times 2$

질문 ❶ 한 변의 길이가 3 cm인 정삼각형, 정사각형, 정오각형의 둘레를 구해 보세요.

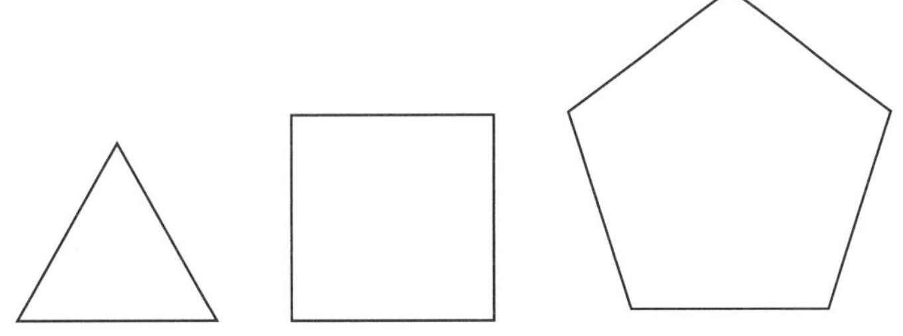

설명하기 정삼각형은 변이 3개이므로 둘레는 3×3=9(cm)입니다.
정사각형은 변이 4개이므로 둘레는 3×4=12(cm)입니다.
정오각형은 변이 5개이므로 둘레는 3×5=15(cm)입니다.

(정다각형의 둘레)=(한 변의 길이)×(변의 수)

질문 ❷ 평행사변형의 둘레를 구하는 방법을 설명해 보세요.

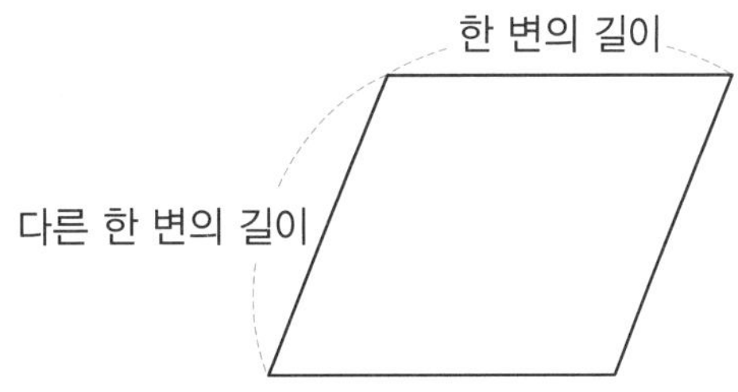

설명하기 평행사변형은 마주 보는 변의 길이가 각각 같으므로
평행사변형
=(한 변의 길이×2)+(다른 한 변의 길이×2)
=(한 변의 길이+다른 한 변의 길이)×2

1 정다각형의 둘레를 구하려고 합니다. □ 안에 알맞은 수를 써넣으세요.

(1)
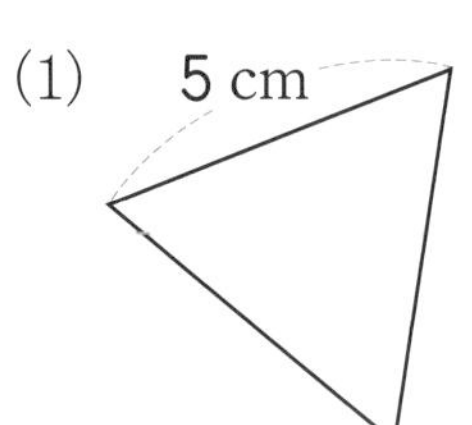

(정삼각형의 둘레)=□×□=□(cm)

(2)
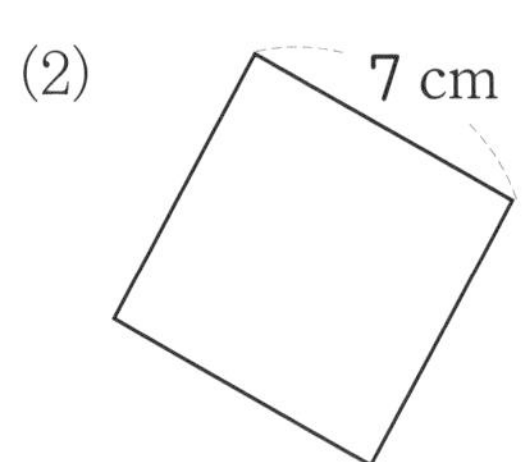

(정사각형의 둘레)=□×□=□(cm)

(3)
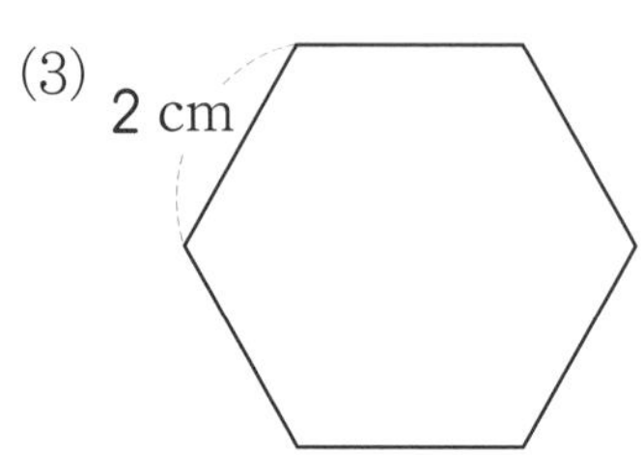

(정육각형의 둘레)=□×□=□(cm)

(4)
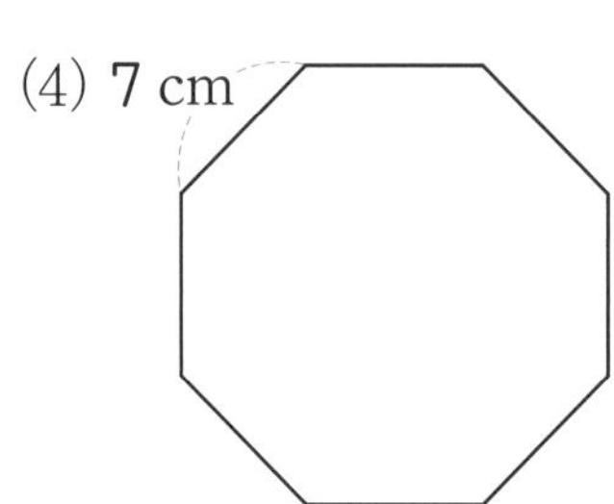

(정팔각형의 둘레)=□×□=□(cm)

2 직사각형의 둘레를 구해 보세요.

(1)
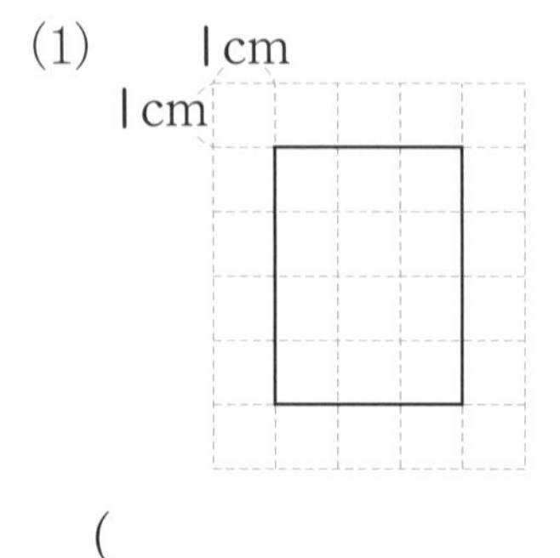

(　　　　　　　　)

(2) 1 cm 1 cm

(　　　　　　　　)

3 평행사변형의 둘레를 구해 보세요.

(1)

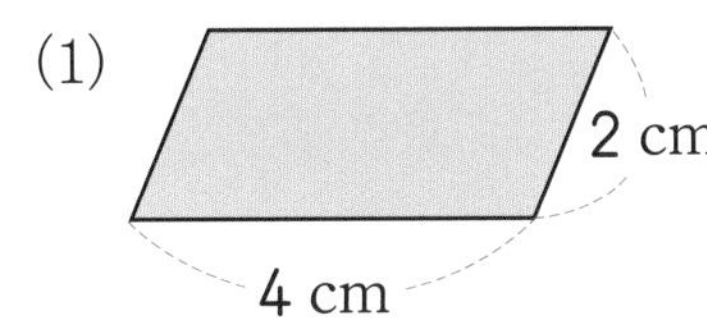

(   )

(2)

9 cm

3 cm

(   )

4 마름모의 둘레가 40 cm일 때, 한 변의 길이는 몇 cm인지 구해 보세요.

(   )

5 다음 평행사변형의 둘레가 26 cm일 때 □ 안에 알맞은 수를 써넣으세요.

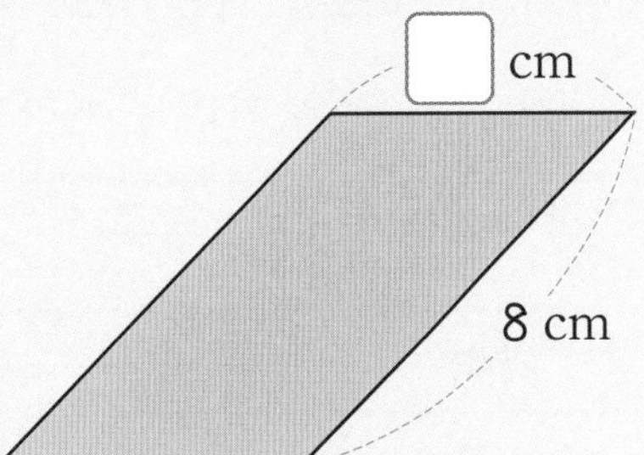

6 한 변의 길이가 4 cm인 정십각형이 있습니다. 이 도형의 둘레는 몇 cm인지 구해 보세요.

(   )

5대 궁궐 걷기 프로그램

서울에 있는 조선 시대 5대 궁궐의 돌담길을 걷고, 걸은 거리만큼 상품을 받아요.

일시: 9월 1일(금)~10월 31일(화)

장소: 서울 5대 궁궐(경복궁, 창경궁과 창덕궁, 덕수궁, 경희궁)

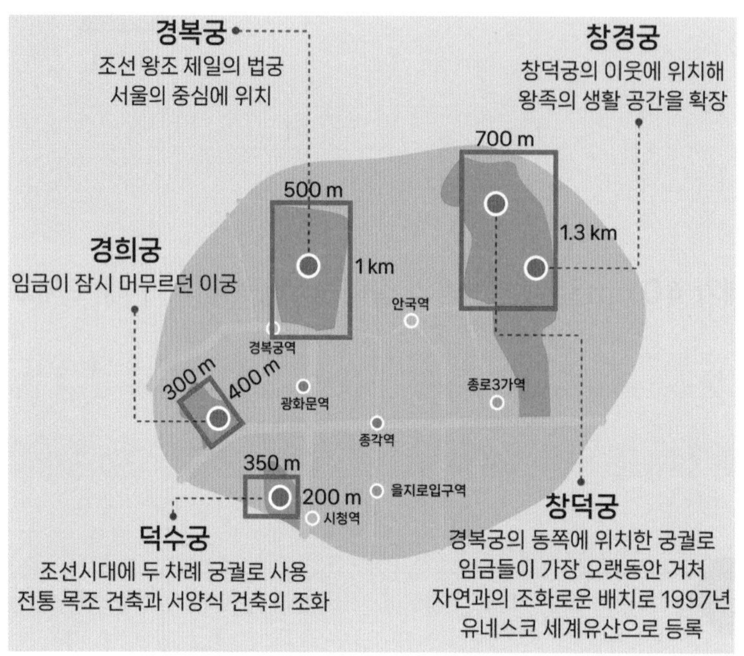

대상: 신청한 누구나

방법: 프로그램 신청 후에 지급되는 스마트워치를 차고, 9월과 10월 두 달 동안 서울에 있는 5대 궁궐의 돌담길을 걸으면, 걸은 거리에 따라 단계별로 상품을 받습니다.

신청 방법 및 자세한 내용: 건강 걷기 홈페이지 참조

거리에 따른 단계:

거리	단계
1 km 이상 3 km 미만	1
3 km 이상 5 km 미만	2
5 km 이상 7 km 미만	3
7 km 이상 10 km 미만	4
10 km 이상	5

1 5대 궁궐 걷기 프로그램의 내용으로 알맞지 않은 것은? (　　　　)

① 어린이만 참여할 수 있다.
② 걸은 걸이에 따라 단계별로 상품을 받는다.
③ 궁궐의 돌담길을 걷는다.
④ 창덕궁과 창경궁은 함께 걸을 수 있는 위치에 있다.
⑤ 프로그램 신청 후에 스마트워치를 받는다.

2 서울에 있는 조선 시대 5대 궁궐이 아닌 곳은? (　　　　)

① 경복궁　② 창경궁　③ 창덕궁
④ 신라 왕궁　⑤ 덕수궁

3 경복궁의 둘레는 몇 m인지 구해 보세요.

(　　　　　　　　)

4 경희궁과 덕수궁의 둘레를 걸으면 몇 단계 상품을 받을 수 있는지 써 보세요.

(　　　　　　　　)

5 둘레가 긴 곳부터 차례로 기호를 써 보세요.

㉠ 경복궁	㉡ 창경궁과 창덕궁	㉢ 덕수궁	㉣ 경희궁

(　　　　　　　　)

넓이의 단위와 직사각형의 넓이

step 1 30초 개념

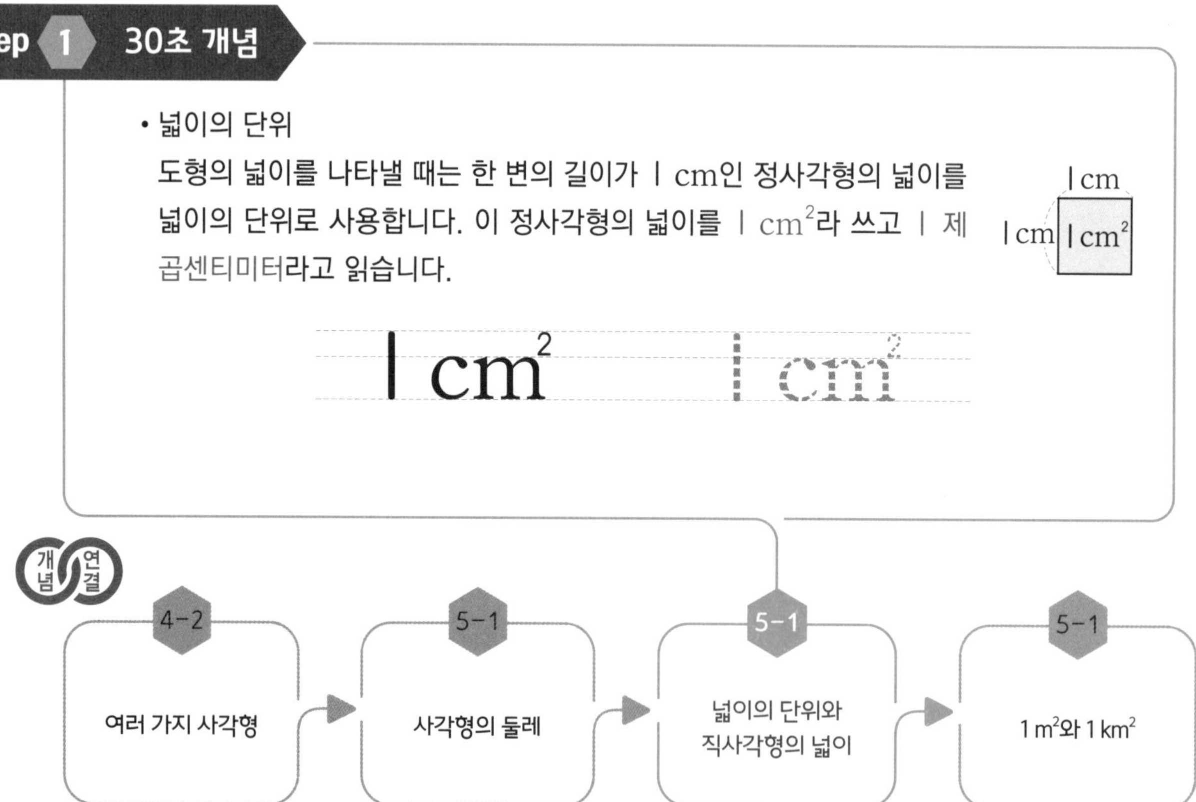

• 넓이의 단위

도형의 넓이를 나타낼 때는 한 변의 길이가 1 cm인 정사각형의 넓이를 넓이의 단위로 사용합니다. 이 정사각형의 넓이를 1 cm^2라 쓰고 1 제곱센티미터라고 읽습니다.

개념 연결

4-2	5-1	5-1	5-1
여러 가지 사각형	사각형의 둘레	넓이의 단위와 직사각형의 넓이	1 m^2와 1 km^2

공부한 날 월 일

step 2 설명하기

질문 ❶ 직사각형의 넓이를 구해 보세요.

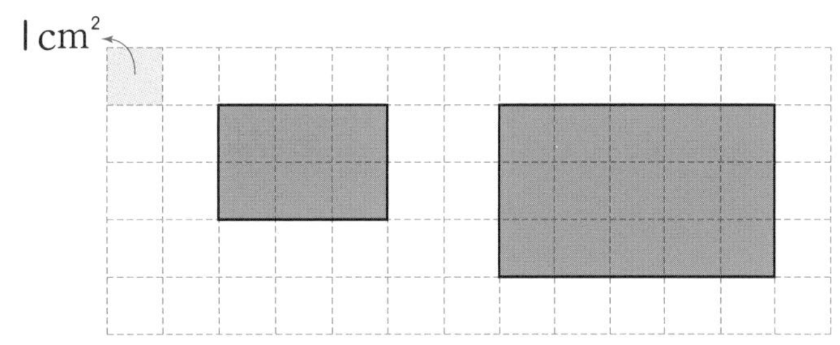

설명하기 직사각형 안에 있는 $1\ cm^2$의 개수를 세어 봅니다.
왼쪽 직사각형은 $1\ cm^2$가 3개씩 2줄 있으므로 넓이는 $3 \times 2 = 6(cm^2)$입니다.
오른쪽 직사각형은 $1\ cm^2$가 5개씩 3줄 있으므로 넓이는 $5 \times 3 = 15(cm^2)$입니다.

질문 ❷ 정사각형의 넓이를 구해 보세요.

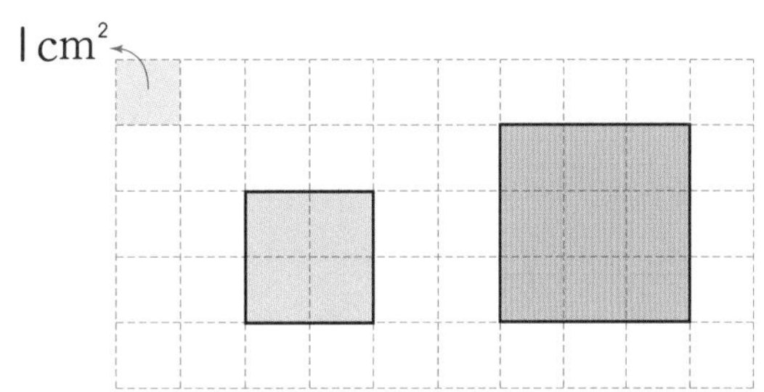

설명하기 정사각형 안에 있는 $1\ cm^2$의 개수를 세어 봅니다.
왼쪽 정사각형은 $1\ cm^2$가 2개씩 2줄 있으므로 넓이는 $2 \times 2 = 4(cm^2)$입니다.
오른쪽 정사각형은 $1\ cm^2$가 3개씩 3줄 있으므로 넓이는 $3 \times 3 = 9(cm^2)$입니다.

(직사각형의 넓이)=(가로)×(세로), (정사각형의 넓이)=(한 변의 길이)×(한 변의 길이)

step 3 개념 연결 문제

1 직사각형과 정사각형에 1 cm^2 스티커를 여러 장 붙였습니다. 스티커의 개수를 세어 도형의 넓이를 구해 보세요.

(1) 1 cm^2

(　　　　　　　　　)

(2) 1 cm^2

(　　　　　　　　　)

2 한 칸의 넓이가 1 cm^2일 때 알파벳의 넓이를 구해 보세요.

(1) 1 cm^2

(　　　　　　　　　)

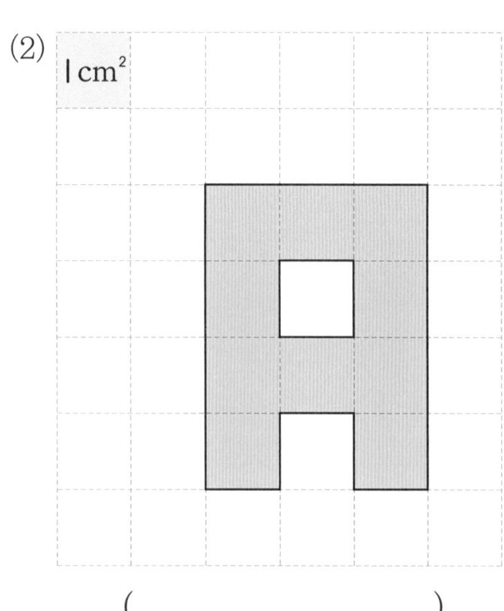

(　　　　　　　　　)

3 넓이가 12 cm^{2}인 도형을 2개 그려 보세요.

step 4 도전 문제

4 직사각형과 정사각형의 넓이를 이용하여 □ 안에 알맞은 수를 써넣으세요.

(1) 15 cm

□ cm 105 cm^2

(2)

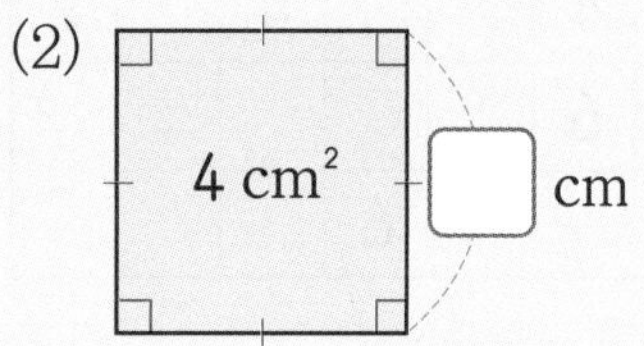

5 도형의 넓이를 구해 보세요.

4 cm

1 cm

2 cm

1 cm

(　　　　　　　　)

테트라스퀘어

테트라스퀘어(Tetra Square)는 논리적인 사고로 퍼즐*을 해결해 나가는 로직퍼즐 중의 하나로, 사각 자르기 또는 사각형 나누기로 불린다. 처음에 일본의 퍼즐 회사 '니코리'에서 '시카쿠 퍼즐'이라는 이름으로 발표했는데, '시카쿠'는 사각을 의미한다. 커다란 사각형을 주어진 숫자에 알맞은 직사각형으로 자르는 퍼즐이며, 도형 감각, 공간 감각을 키우는 데 도움이 된다. 아래 게임 방법을 보고 테트라스퀘어에 숨은 수학적 원리를 찾아보자.

게임 방법

❶ 직사각형 한 칸의 넓이는 1 cm^2이며, 격자에 표시된 숫자는 직사각형의 넓이이다.

❷ 격자*에 표시된 수의 넓이만큼 직사각형의 칸을 나눈다.

❸ 직사각형 모양 안의 수와 넓이가 같아야 한다.

❹ 모양이 서로 겹치지 않아야 하고, 남는 칸이 없어야 한다.

	5				2	
			2			2
	4			4		
			2			
6	4			4		2
	6					
			6			

➡

	5				2	
			2			2
	4			4		
			2			
6	4			4		2
	6					
			6			

자, 이제 직접 게임을 해 보자!

6					
				5	1
		4			
3				6	
			5		
	2				4

* **퍼즐**: 풀면서 지적 만족을 얻도록 만든 알아맞히기 놀이.
* **격자**: 바둑판처럼 가로, 세로를 일정한 간격으로 직각이 되게 짠 구조.

1 테트라스퀘어에 대한 설명으로 틀린 것은? (　　　　)

① 일본의 퍼즐 회사 '니코리'에서 '시카쿠 퍼즐'이라는 이름으로 발표했다.
② '시카쿠'는 삼각형을 의미한다.
③ 커다란 사각형을 주어진 숫자에 알맞은 직사각형으로 자르는 퍼즐이다.
④ 퍼즐을 해결하며 도형 감각을 기를 수 있다.
⑤ 사각 자르기, 사각형 나누기로 불린다.

2 테트라스퀘어의 게임 방법으로 옳은 것은? (　　　　)

① 격자에 표시된 숫자는 직사각형의 가로의 길이이다.
② 격자에 표시된 수의 넓이만큼 직사각형의 칸을 나눈다.
③ 삼각형 모양으로 잘라도 된다.
④ 모양이 서로 겹치거나 칸이 남아도 직사각형만 만들면 된다.
⑤ 직사각형 모양 안의 수와 넓이가 달라야 한다.

3 테트라스퀘어에서 다음 도형의 가로와 세로의 길이는 얼마인가요?

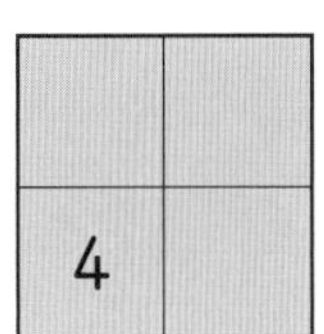

가로(　　　　　　　　), 세로 (　　　　　　　　)

4 가로나 세로의 길이가 1 cm일 수밖에 없는 직사각형의 넓이를 모두 찾아 ○표 해 보세요.

1　2　3　4　5　6

5 테트라스퀘어를 할 때 숫자 6이 있으면 직사각형의 가로와 세로의 길이의 조합을 모두 몇 쌍 생각할 수 있는지 구해 보세요.

(　　　　　　　　)

19 다각형의 둘레와 넓이

1 m²와 1 km² 단위

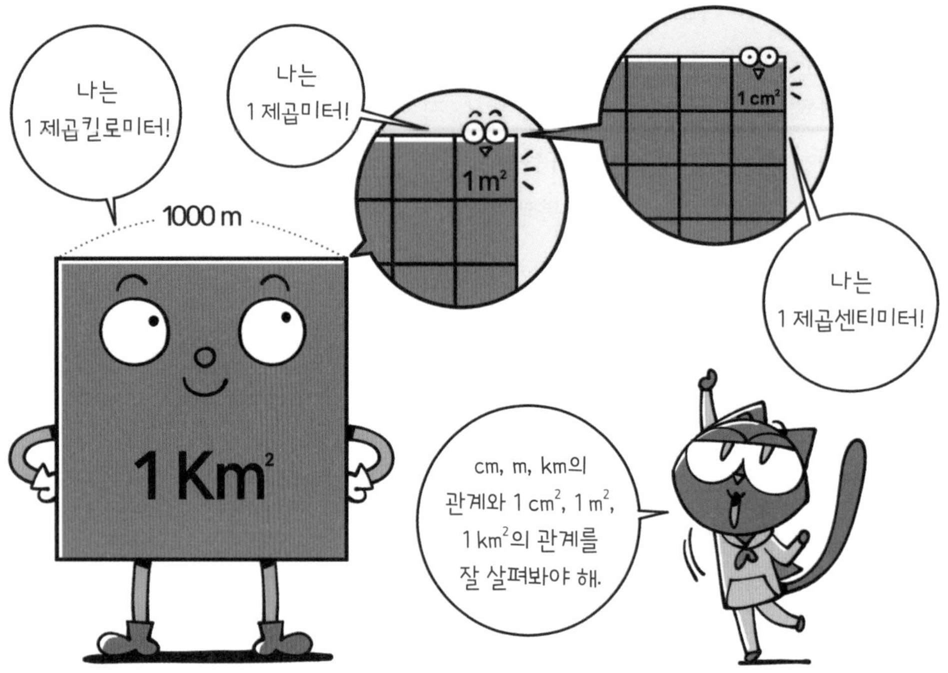

step 1 30초 개념

• 한 변의 길이가 1 m인 정사각형의 넓이를 1 m^2라 쓰고 1 제곱미터라고 읽습니다. 한 변의 길이가 1 km인 정사각형의 넓이를 1 km^2라 쓰고 1 제곱킬로미터라고 읽습니다.

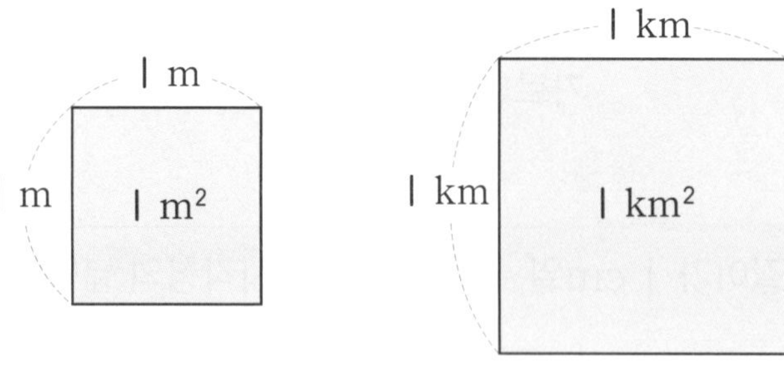

개념연결

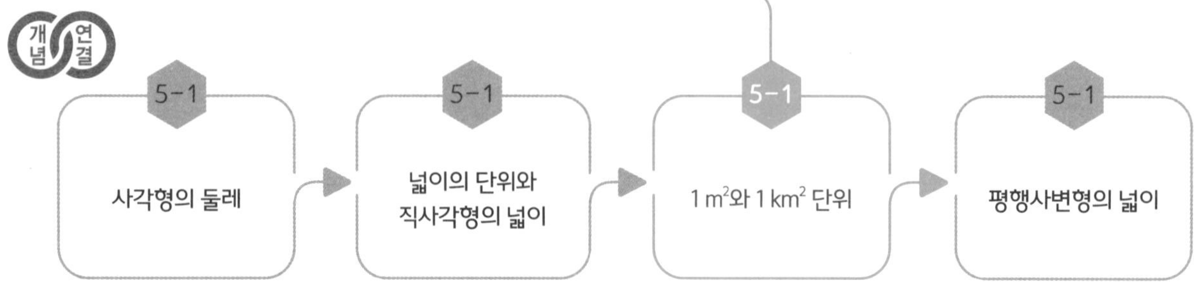

step 2 설명하기

질문 ① 그림을 이용하여 $1\ m^2$는 몇 cm^2인지 구해 보세요.

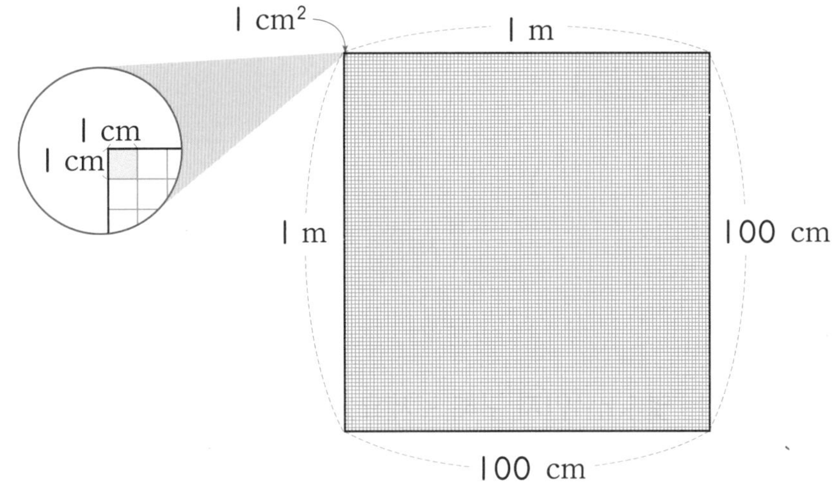

설명하기 $1\ m^2$에는 $1\ cm^2$가 한 줄에 100개씩 100줄 들어갑니다.
$100 \times 100 = 10000$이므로 $1\ m^2 = 10000\ cm^2$입니다.

질문 ② 그림을 이용하여 $1\ km^2$는 몇 m^2인지 구해 보세요.

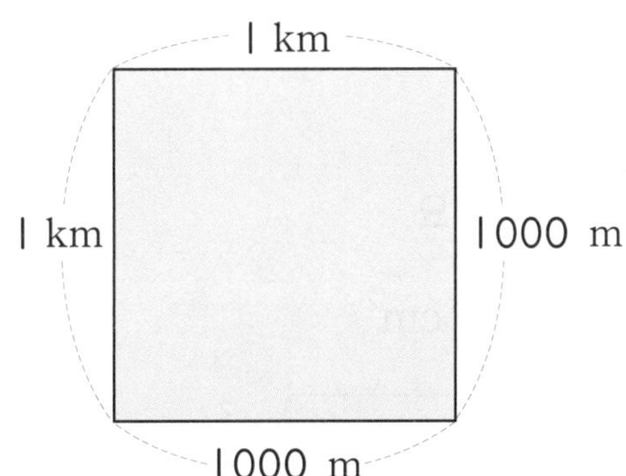

설명하기 $1\ km^2$에는 $1\ m^2$가 한 줄에 1000개씩 1000줄 들어갑니다.
$1000 \times 1000 = 1000000$이므로 $1\ km^2 = 1000000\ m^2$입니다.

1 직사각형의 넓이는 몇 m^2인지 구해 보세요.

(1) 5 m, 3 m

(　　　　　　　　)

(2) 300 cm

(　　　　　　　　)

2 직사각형의 넓이는 몇 km^2인지 구해 보세요.

(1) 2 km

(　　　　　　　　)

(2) 2000 m, 7 km

(　　　　　　　　)

3 □ 안에 알맞은 수를 써넣으세요.

(1) $6\ m^2=$ □ cm^2

(2) $700000\ cm^2=$ □ m^2

(3) $30\ km^2=$ □ m^2

(4) $54000000\ m^2=$ □ km^2

4 주어진 넓이와 같은 직사각형을 2개씩 그려 보세요.

(1) $6\ \mathrm{m}^2$

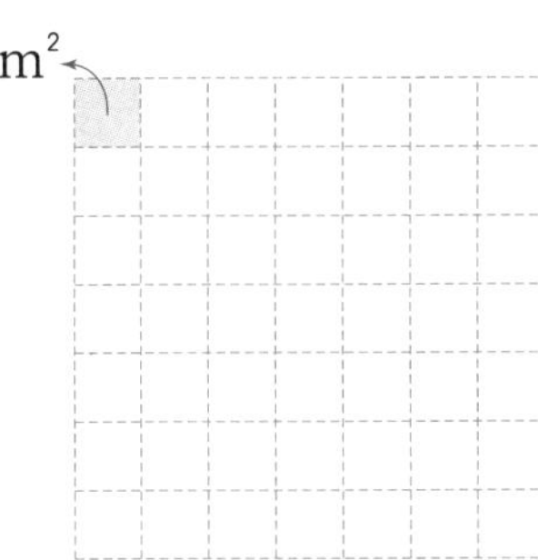

(2) $10\ \mathrm{km}^2$

step 4 도전 문제

5 넓이가 넓은 것부터 순서대로 기호를 써 보세요.

㉠ $50000000\ \mathrm{cm}^2$　㉡ $46000000\ \mathrm{m}^2$　㉢ $9\ \mathrm{km}^2$　㉣ $8000000\ \mathrm{m}^2$

(　　　　　　　)

6 넓이가 $8\ \mathrm{km}^2$인 직사각형의 세로의 길이는 몇 km인가요?

4000 m

(　　　　　　　)

농구장의 규격

농구장은 농구를 할 수 있는 공간이다. 농구는 기본적으로 실내에서 하도록 고안된* 스포츠이므로 농구장은 대개 실내에 지어진다. 경기장을 만드는 것이 다른 스포츠에 비해서는 비교적 쉬운 편이다. 학교에서는 강당이나 체육관에 농구 라인을 그려 넣어 농구장을 만들기도 한다.

그런데 경기장이 실내에 있다 보니, 딱딱한 바닥에 낙상* 사고가 나기도 하고, 땀에 미끄러져 발목을 다치는 일도 생긴다. 반면, 경기장이 실내에 있어서 농구는 날씨나 계절에 관계없이 즐길 수 있는 스포츠가 되었다.

농구장의 규격은 유명한 두 농구협회 FIBA*와 NBA*에 따라 다른데, FIBA의 경우 가로 28 m, 세로 15 m이고, NBA는 이보다 조금 더 넓은 가로 28.65 m, 세로 15.24 m인 경기장을 만든다.

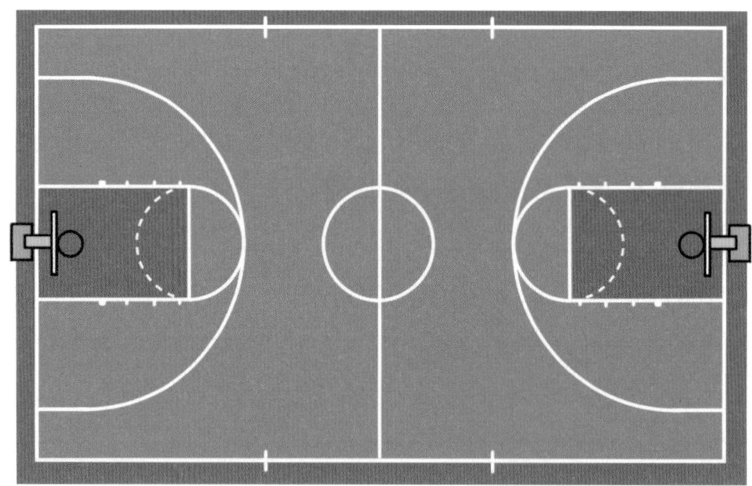

* **고안되다**: 연구하여 새로운 안이 나오다.
* **낙상**: 넘어지거나 떨어져서 몸을 다치는 것
* **FIBA**: (International Basketball Federation) 농구, 스트리트볼 종목을 총괄하는 국제 스포츠 행정 기구이다.
* **NBA**: (National Basketball Association) 미국의 프로 농구 연맹이다.

1 농구장에 대한 설명으로 알맞은 것은? (　　　　)

① 농구는 실외 스포츠이다.
② 농구는 날씨의 영향을 많이 받는다.
③ 농구 경기를 하다 보면 잘 미끄러지지 않는다.
④ 농구를 하다가 낙상 사고가 나기도 한다.
⑤ FIBA의 농구장 규격이 조금 더 넓다.

2 FIBA에서 정한 농구장의 규격은 몇 m^2인지 구해 보세요.

(　　　　　　　　)

3 NBA에서 정한 농구장의 규격은 몇 cm^2인지 구해 보세요.

(　　　　　　　　)

4 NBA의 경기장이 FIBA의 경기장보다 몇 cm^2 더 넓은지 구해 보세요.

(　　　　　　　　)

20 다각형의 둘레와 넓이

평행사변형의 넓이

step 1 30초 개념

• 평행사변형에서 평행한 두 변을 밑변이라 하고, 두 밑변 사이의 거리를 높이라고 합니다.

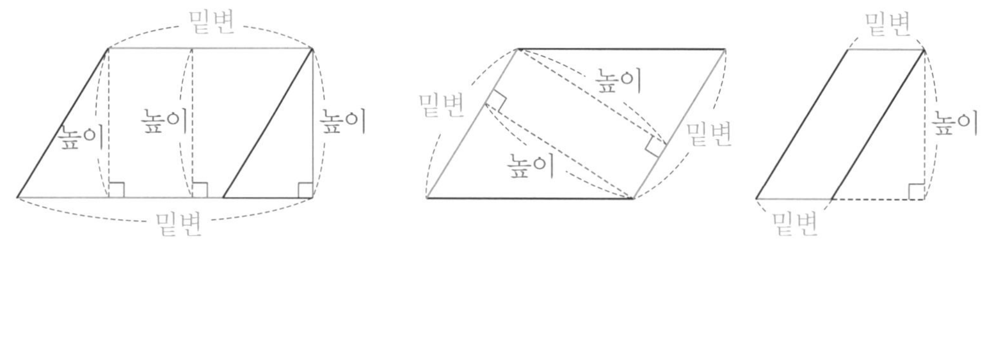

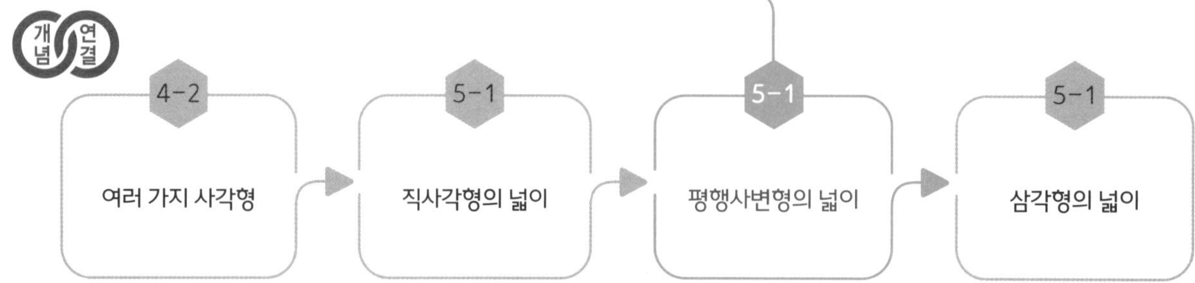

질문 ❶ (직사각형의 넓이)=(가로)×(세로)임을 이용하여
(평행사변형의 넓이)=(밑변의 길이)×(높이)가 되는 과정을 설명해 보세요.

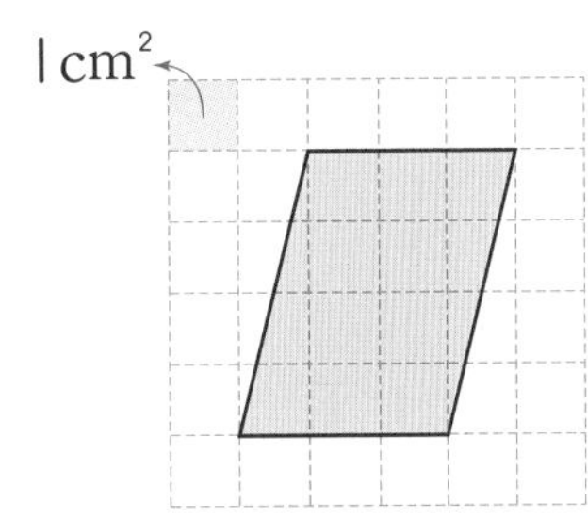

설명하기 평행사변형을 잘라서 직사각형을 만들면 평행사변형의 밑변의 길이는 직사각형의 가로와 같고, 평행사변형의 높이는 직사각형의 세로와 같습니다.

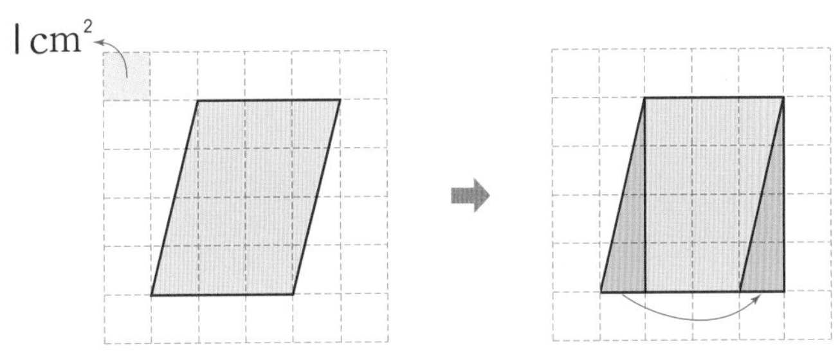

(직사각형의 넓이)=(가로)×(세로)이므로
(평행사변형의 넓이)=(밑변의 길이)×(높이)입니다.

질문 ❷ 평행사변형의 넓이를 비교해 보세요.

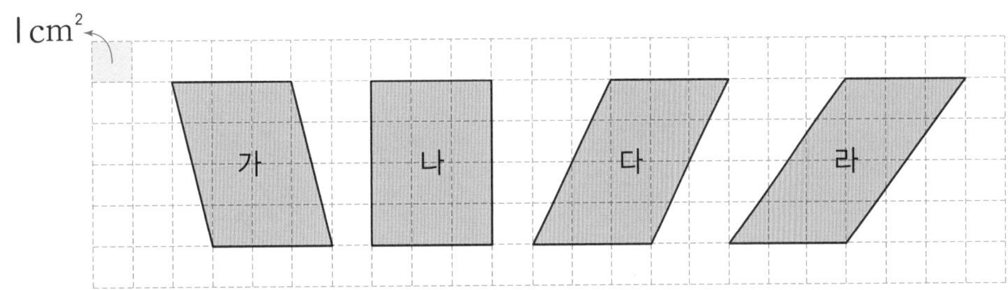

설명하기 평행사변형 가, 나, 다, 라의 밑변의 길이는 모두 3 cm이고, 높이는 모두 4 cm입니다.
따라서 모든 평행사변형의 넓이는 $3 \times 4 = 12(\text{cm}^2)$로 같습니다.

1 보기 와 같이 평행사변형의 높이를 표시해 보세요.

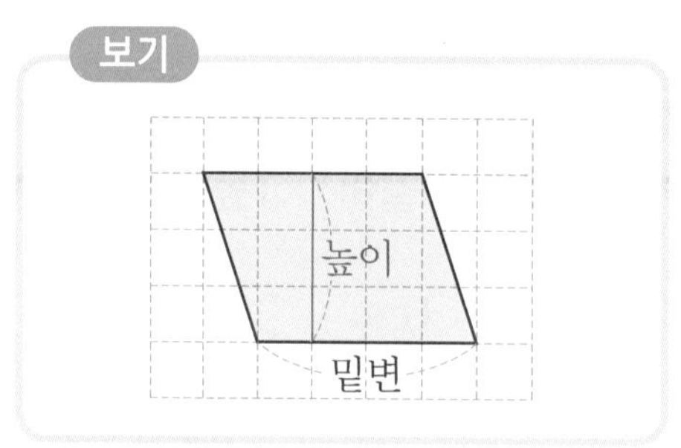

(1)

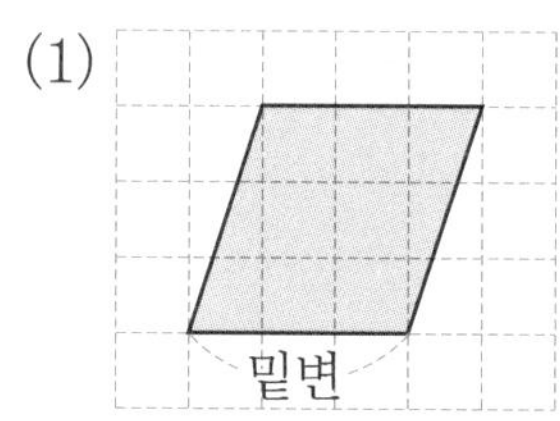

(2)

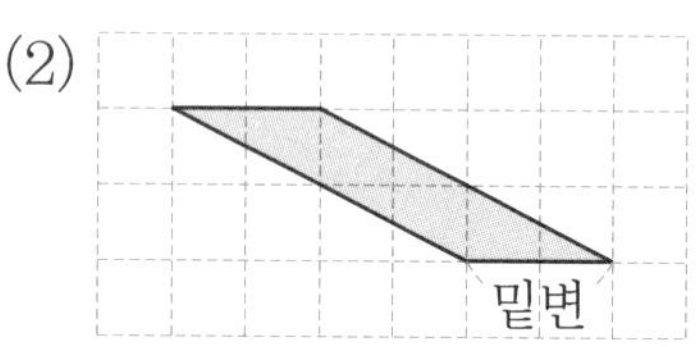

2 보기 와 같이 평행사변형의 일부를 잘라 옮긴 후 직사각형을 만들어 넓이를 구해 보세요.

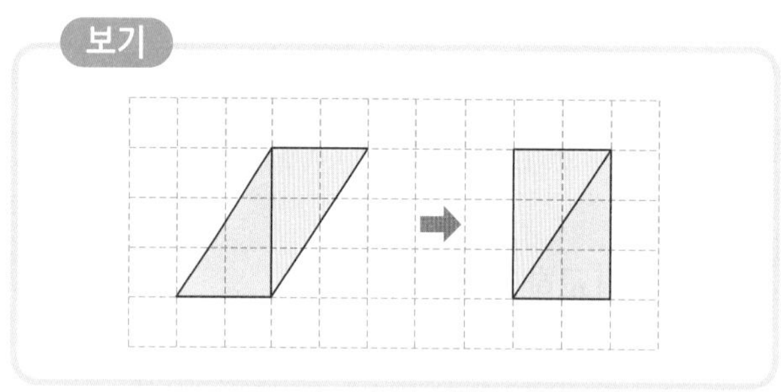

(1) $1\,\text{cm}^2$

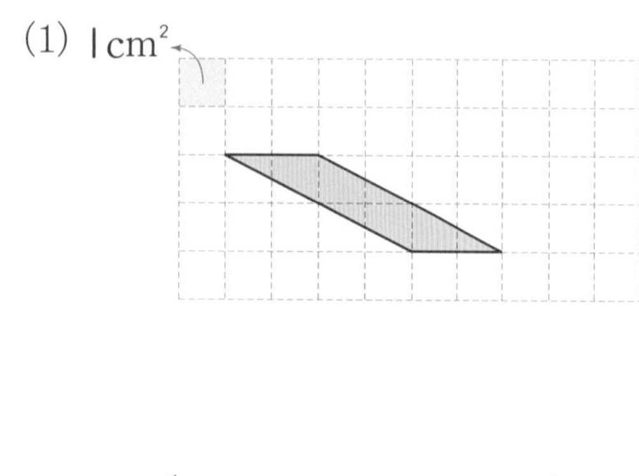

(　　　　　　　　)

(2) $1\,\text{cm}^2$

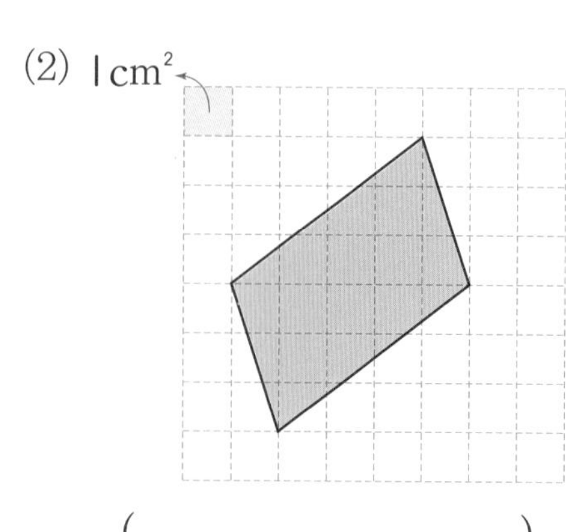

(　　　　　　　　)

3 평행사변형의 넓이를 구해 보세요.

(1)

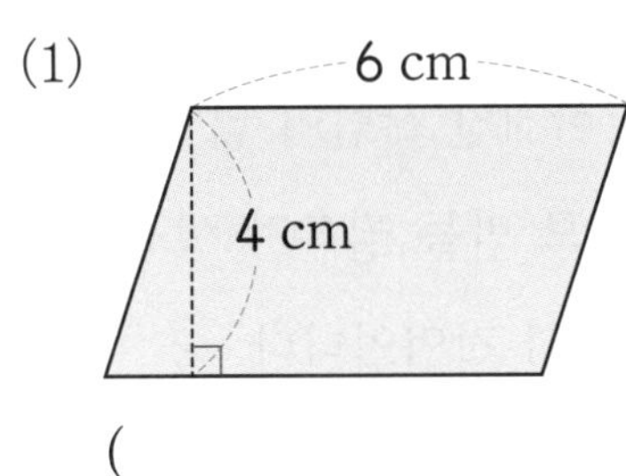

(　　　　　　　　　)

(2)

3 cm
15 cm
3 cm

(　　　　　　　　　)

(3)

4 cm
7 cm
5 cm

(　　　　　　　　　)

(4)

4 cm
2 cm
8 cm

(　　　　　　　　　)

step 4 도전 문제

4 평행사변형의 넓이가 143 cm^2일 때 높이는 몇 cm인지 구해 보세요.

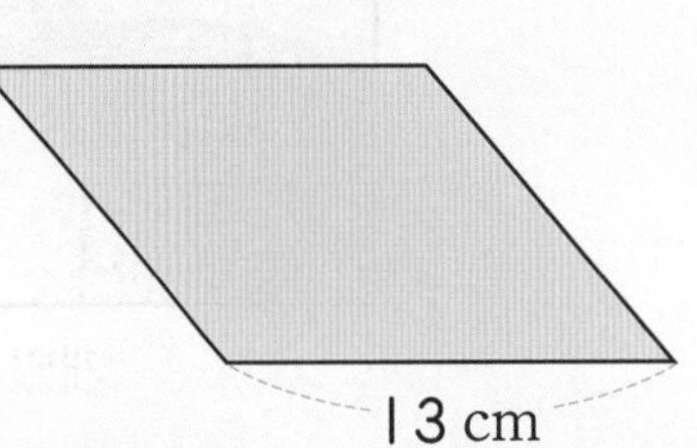

(　　　　　　　　　)

5 넓이가 20 cm^2인 평행사변형을 3개 그려 보세요.

도시 개발 사업

인구가 밀집해 있고, 사회, 정치, 경제 활동의 중심이 되는 곳을 도시라고 합니다. 도시에는 다양한 일자리가 있고, 높은 건물과 많은 사람이 모여 있지요. 하지만 사람이 많아지고 교통량이 늘다 보니 도로의 모양과 건물의 구역을 조금 더 체계적으로 만들 필요가 생겼어요. 도시 개발 사업은 큰 도시나 마을을 더 살기 좋게 만들기 위한 계획과 작업입니다.

도시 개발 사업에는 여러 가지 작업이 있습니다. 첫 번째로는 주거지*를 개발하는 것입니다. 사람이 많이 모여 살게 되는 도시에 새로운 집을 지어 보다 많은 사람이 살 수 있게 하는 것이지요.

두 번째로는 도로와 땅의 모양을 개선하는 것입니다. 도로를 만들거나 보수*하여 차량과 사람들이 더 편하게 이동할 수 있게 합니다. 이 과정에서 기존 땅의 모양이 달라지는데, 땅의 위치, 넓이, 이용 상황 등에 맞게 땅의 권리를 다시 분배하게 됩니다.

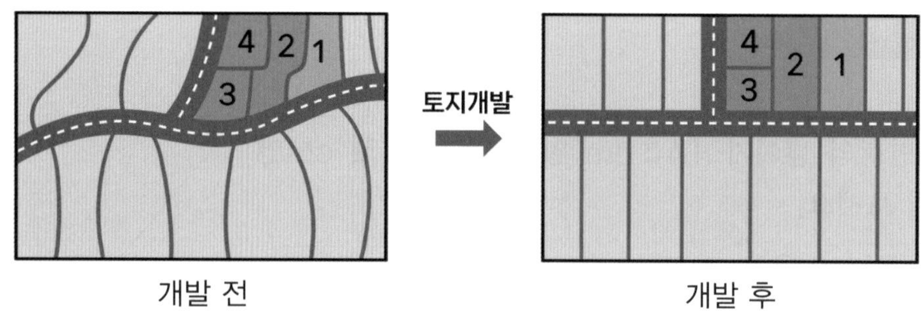

개발 전 개발 후

세 번째는 공원과 놀이터 등 녹지 공간과 복지 시설을 만드는 것입니다. 사람들이 휴식할 수 있고 즐길 수 있는 장소를 조성하여 살기 좋은 동네를 만드는 것이지요.

네 번째로는 상점과 회사가 만들어질 수 있도록 하는 것입니다. 더 많은 상점과 회사를 도시에 지어 일자리를 만들고 경제를 키울 수 있도록 합니다.

이처럼 도시 개발 사업은 도시나 마을을 더 아름답고 편안한 곳으로 만들기 위한 계획과 작업이라고 할 수 있습니다.

* **주거지**: 사람이 사는 지역
* **보수**: 건물이나 시설 따위의 낡거나 부서진 것을 손보아 고침.

1 도시 개발 사업을 하는 이유는? (　　　　　)

① 도시를 촌락으로 만들기 위해
② 도시에 있는 사람을 다른 곳으로 이동시키기 위해
③ 도시를 살기 좋게 만들기 위해
④ 도시를 다른 곳으로 옮기기 위해
⑤ 사람들이 줄어들기 때문에

2 도시 개발 사업에 포함되지 않는 작업은? (　　　　　)

① 주거지 개발　　② 도로 보수　　③ 상점과 회사 폐쇄
④ 공원 개발　　⑤ 놀이터 조성

[3～4] 도시 개발 사업을 하기 전 땅의 모습입니다. 물음에 답하세요.

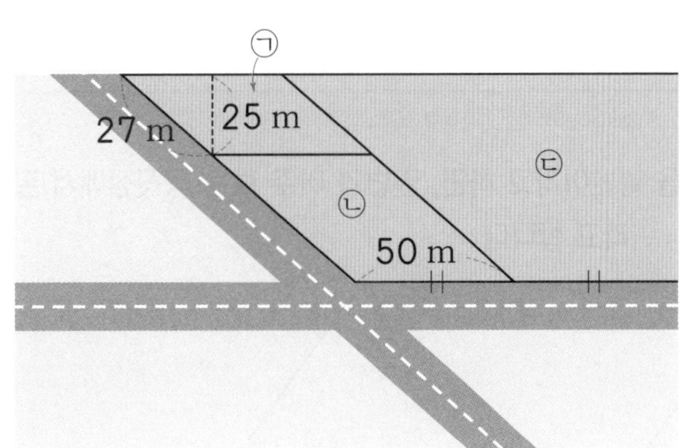

3 땅의 넓이가 가장 넓은 것부터 순서대로 기호를 써 보세요.

(　　　　　　　　　　)

4 도시 개발 사업 이후에도 땅의 넓이가 변하지 않게 권리를 줄 때, ㉠ 땅의 주인이 가져갈 땅의 넓이는 몇 m^2인지 구해 보세요.

(　　　　　　　　　　)

삼각형의 넓이

step 1 30초 개념

• 삼각형의 한 변을 밑변이라고 하면, 밑변과 마주 보는 꼭짓점에서 밑변에 수직으로 그은 선분의 길이를 높이라고 합니다.

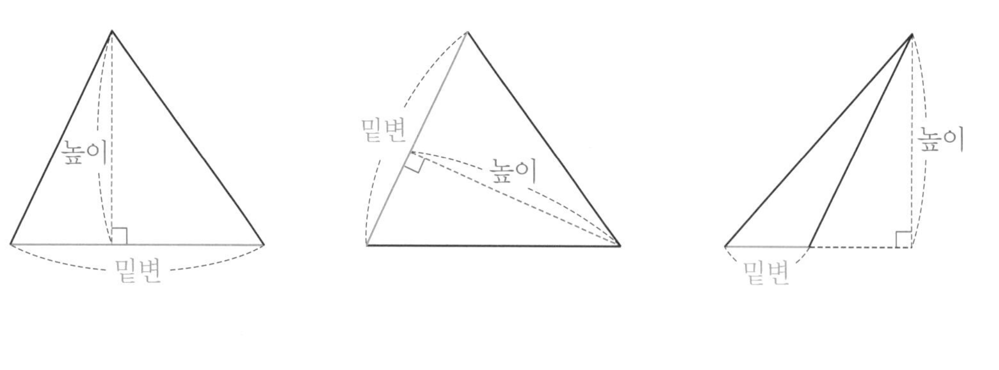

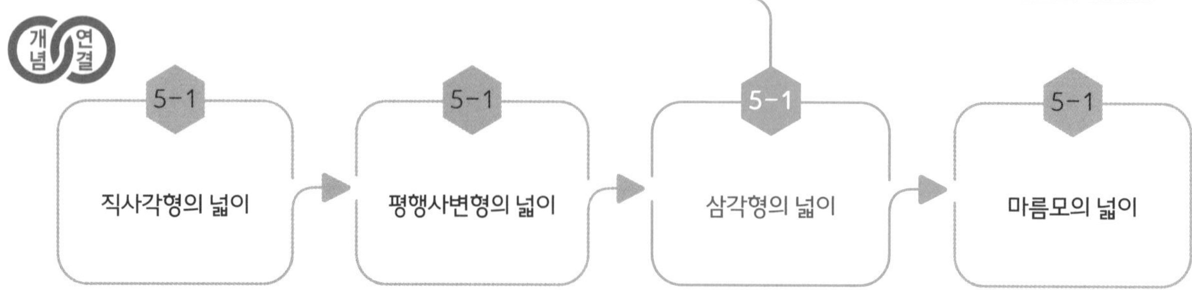

질문 ❶ 삼각형 2개를 붙여 평행사변형을 만들어
(삼각형의 넓이)=(밑변의 길이)×(높이)÷2가 되는 과정을 설명해 보세요.

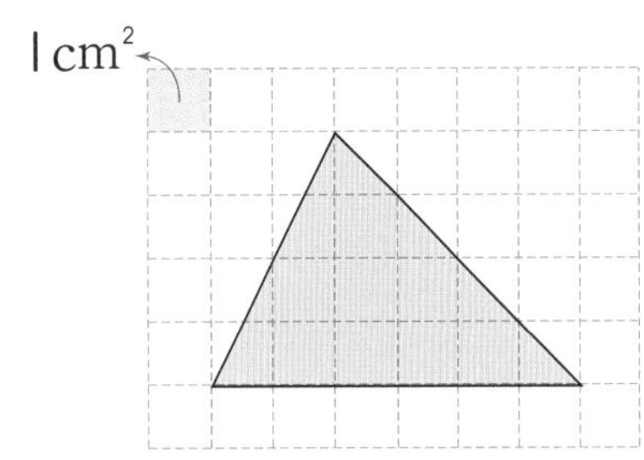

설명하기 삼각형 2개를 붙이면 평행사변형이 만들어지므로 삼각형의 밑변의 길이는 평행사변형의 밑변의 길이와 같고, 삼각형의 높이는 평행사변형의 높이와 같습니다.

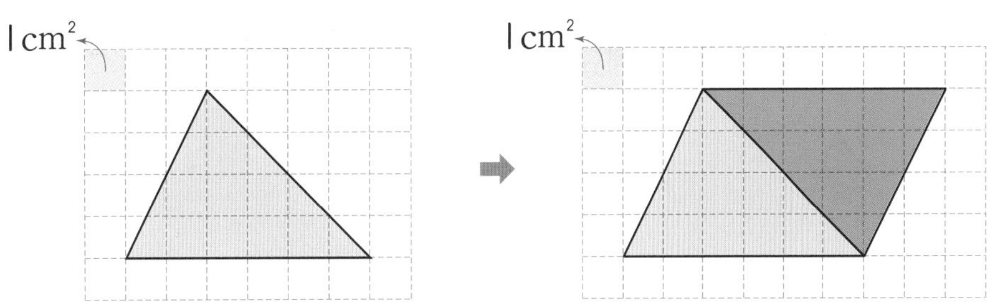

(평행사변형의 넓이)=(밑변의 길이)×(높이)이므로
(삼각형의 넓이)=(밑변의 길이)×(높이)÷2입니다.

질문 ❷ 삼각형의 넓이를 비교해 보세요.

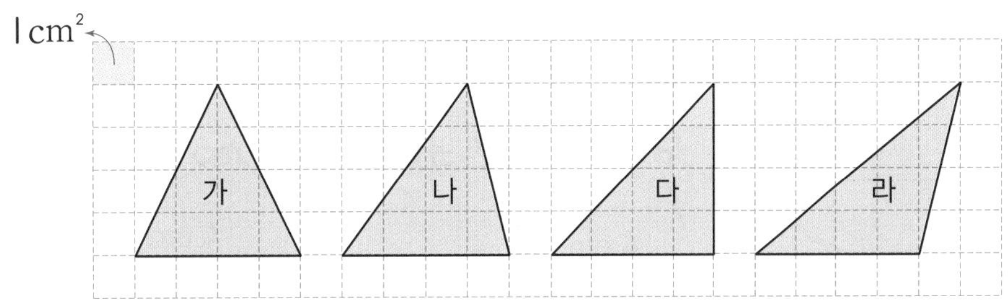

설명하기 삼각형 가, 나, 다, 라의 밑변의 길이는 모두 4 cm이고, 높이는 모두 4 cm입니다.
따라서 모든 삼각형의 넓이는 $4 \times 4 \div 2 = 8(\text{cm}^2)$로 같습니다.

1 보기 와 같이 삼각형의 높이를 표시해 보세요.

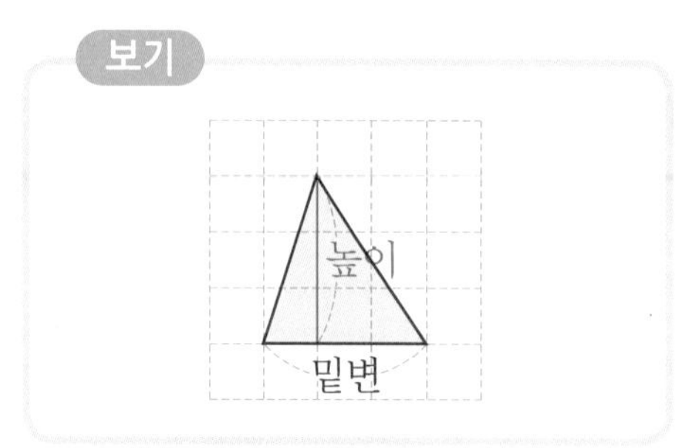

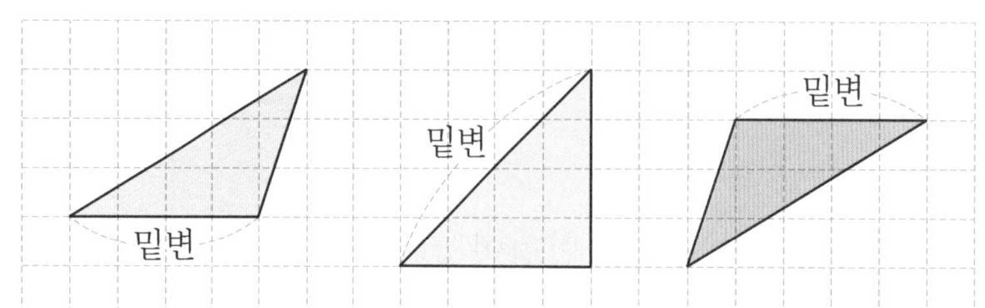

2 □ 안에 알맞은 수를 써넣으세요.

(1)

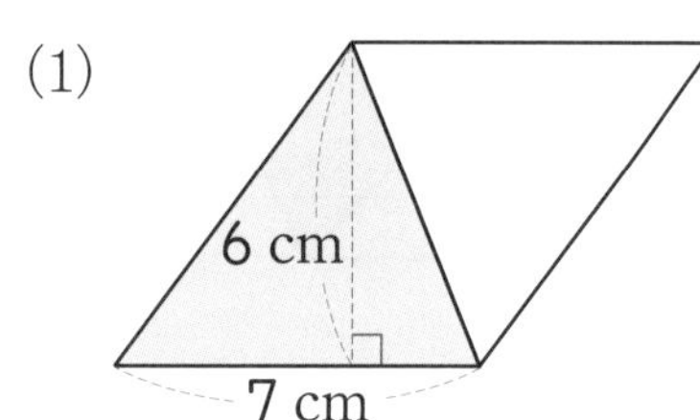

(삼각형의 넓이)
=(평행사변형의 넓이)÷2
=(□×□)÷2

(2)

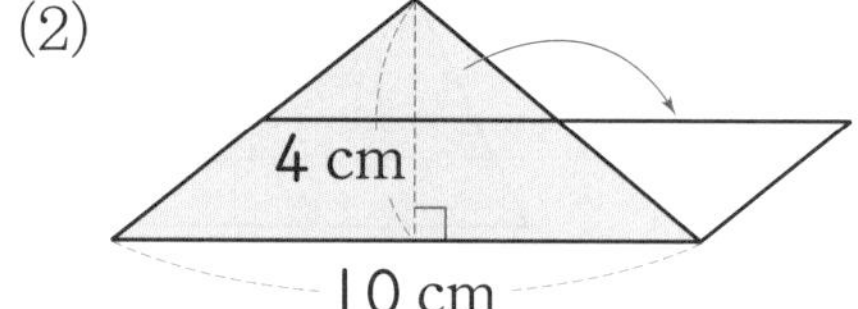

(삼각형의 넓이)
=(평행사변형의 넓이)
=(삼각형의 높이÷2)×(밑변)
=(□÷2)×□

3 삼각형의 넓이를 구해 보세요.

(1)

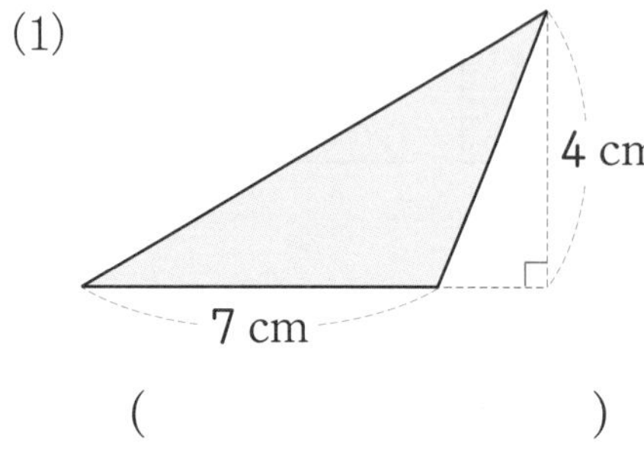

(　　　　　　　　)

(2)

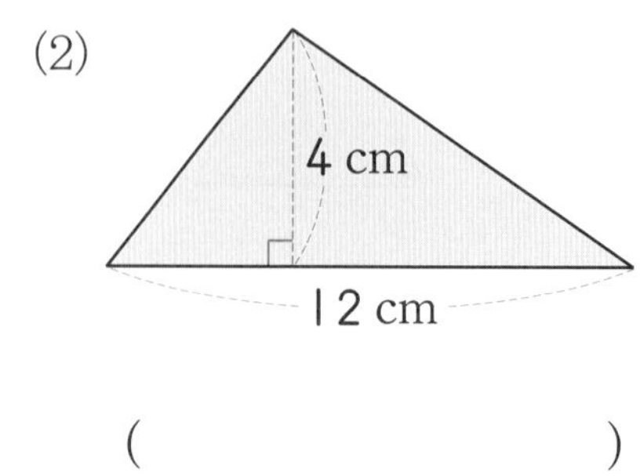

(　　　　　　　　)

4  안에 알맞은 수를 써넣으세요.

(1)

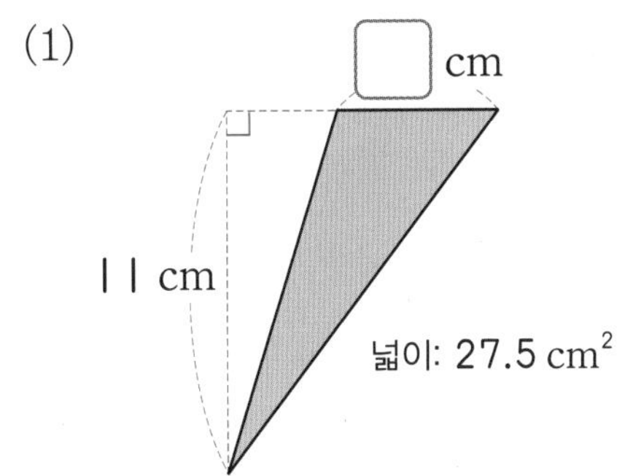

(2)

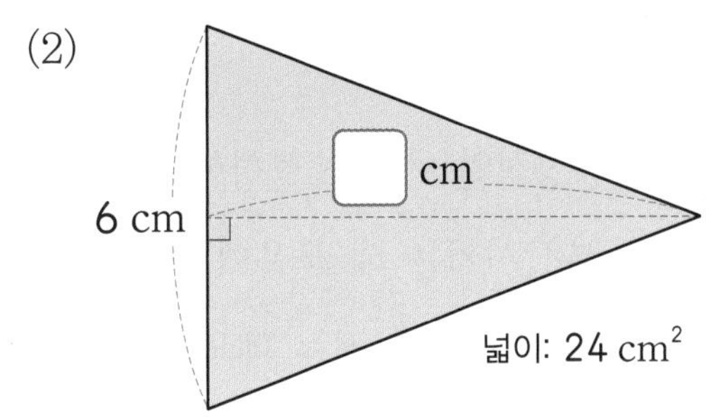

step 4 도전 문제

5 삼각형의 넓이를 비교하여 넓이가 다른 삼각형의 기호를 써 보세요.

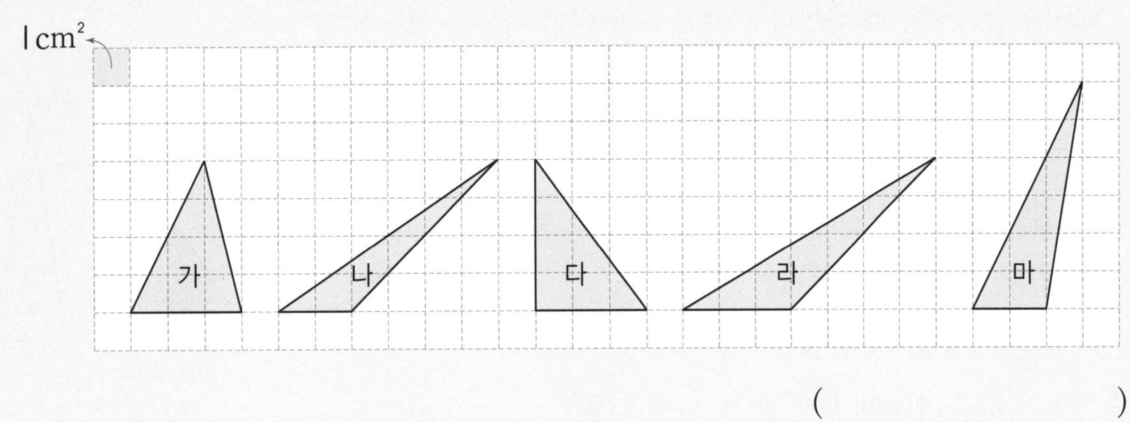

( )

6 삼각형의 넓이를 구하는 데 필요한 길이에 ○표 하고, 삼각형의 넓이를 구해 보세요.

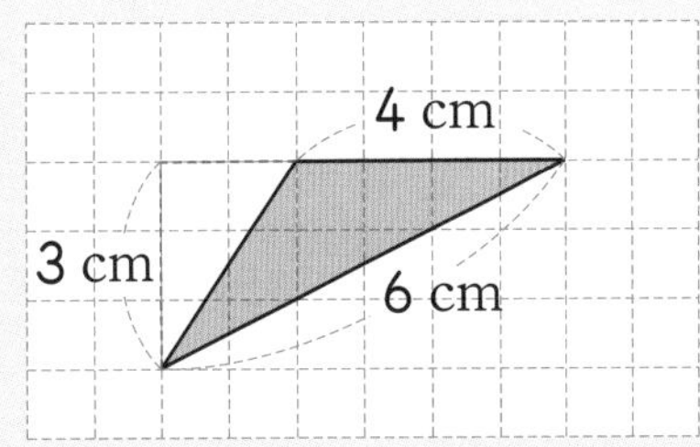

( )

지붕

아파트가 아닌 단독 주택을 보면 지붕이 삼각형 모양인 경우가 많다. 가장 큰 이유는 안정성과 기능성 때문이다.

삼각형은 안정적인 구조를 형성하는 기본적인 도형 중 하나이므로 지붕에 적용되는 하중*을 효과적으로 분산시키는 데 도움이 된다. 이를 트러스(truss) 구조라고 하는데, 트러스 구조는 다리나 롤러코스터를 짓는 데도 사용된다. 삼각형의 각 꼭짓점이 힘을 서로 전달해서 강한 바람이나 폭풍우에도 지붕이 견고하고 강력하게 유지되는 것이다.

또한 삼각형 지붕은 물을 효과적으로 배출*하는 데 도움이 된다. 비가 오거나 눈이 올 때 지붕이 기울어져 있으면 비 또는 눈이 쉽게 스며들지 않고 지붕에서 빠르게 떨어질 수 있으므로 지붕이 낡거나 지붕에서 물이 새는 것을 최소화할 수 있다.

삼각형은 다른 도형보다 간단하고 쉽게 만들 수 있어서 삼각형 모양 지붕을 이용하면 건축 과정이 간단해지고 자재와 시공 비용*이 절감되는 장점도 있다.

지붕이 삼각형일 때 다양한 모양에 따라 어떤 기능을 하는지 알아보자.

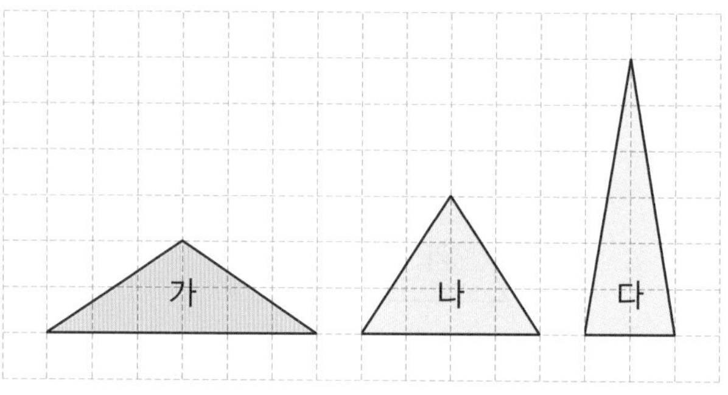

가 모양 지붕은 바람의 저항을 많이 받지 않으므로 안정적으로 집을 유지할 수 있다. 많은 집에서 활용하는 지붕 모양이다. 하지만 지붕 안 공간을 활용하기는 어렵다.

나 모양 지붕은 거의 정삼각형 모양과 비슷하여 공간을 활용하기가 좋다. 안에 다락방을 설치할 수 있고, 틀을 만들 때 재료가 적게 드는 장점이 있다. 하지만 크기가 큰 집이라면 밑변의 길이가 길어지기 때문에 재료가 많이 들 것이다.

다 모양 지붕은 다른 사람들의 눈에 잘 띄므로 종교적인 장소에 많이 쓰인다. 경사면이 가팔라서 비가 빠르게 배수된다는 장점이 있다. 하지만 틀을 만드는 데 재료가 많이 든다.

이렇게 지붕은 모양에 따라 다양한 장점과 단점이 있어서 건축의 용도와 집이 위치한 지역의 날씨에 따라 적합한 모양을 선택하여 짓게 된다.

* **하중**: 어떤 물체 따위의 무게
* **배출**: 밖으로 내보내는 것
* **시공 비용**: 공사하는데 드는 비용

1 지붕이 삼각형 모양일 때의 장점으로 알맞지 않은 것은? (　　　　)

① 트러스 구조로 안정적인 구조를 형성한다.
② 비나 눈을 효과적으로 배출한다.
③ 다른 도형보다 간단하고 쉽게 만들 수 있다.
④ 다른 도형보다 지붕의 자재와 시공 비용을 줄일 수 있다.
⑤ 강한 압력에 쉽게 부서질 수 있다.

2 다 모양 지붕의 장점으로 알맞은 것을 모두 고르세요. (　　　　)

① 바람의 저항을 많이 받지 않는다.
② 지붕 안의 공간을 활용할 수 있다.
③ 비나 눈이 쌓이지 않고 빠르게 배수된다.
④ 다른 사람들의 눈에 잘 띈다.
⑤ 재료가 적게 든다.

3 이 글에서 보기 의 설명에 알맞은 지붕을 찾아 기호를 써 보세요.

보기
- 내부의 넓이가 넓어서 공간을 활용하기가 좋다.
- 틀을 만들 때 재료가 적게 든다.

(　　　　　　　　)

4 가 모양 지붕의 단점으로 알맞은 것은? (　　　　)

① 바람의 저항을 많이 받는다.
② 많은 집에서 활용하기 어렵다.
③ 비나 눈이 쌓이지 않고 빠르게 배수된다.
④ 다른 사람의 눈에 잘 띈다.
⑤ 지붕 안 공간을 활용하기가 어렵다.

5 모눈종이 한 칸의 넓이가 1 m^2일 때 지붕 가, 나, 다의 넓이를 구해 보세요.

가 (　　　　　　　　)
나 (　　　　　　　　)
다 (　　　　　　　　)

22 다각형의 둘레와 넓이

마름모의 넓이

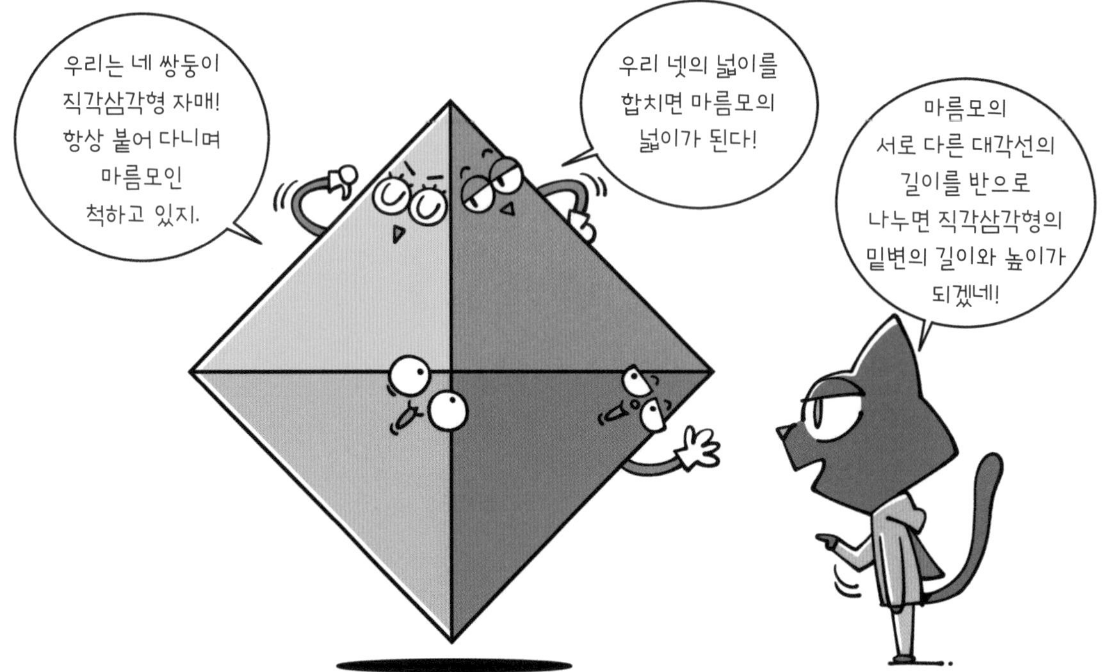

step 1 30초 개념

• 네 변의 길이가 모두 같은 사각형을 마름모라고 합니다.
마름모의 두 대각선은 서로 수직으로 만나고 서로를 이등분합니다.

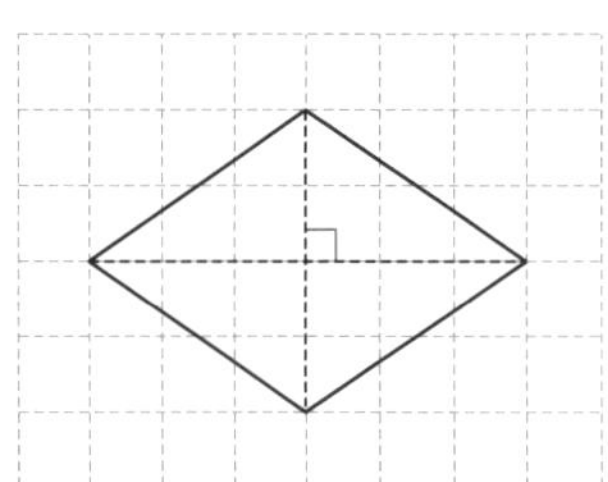

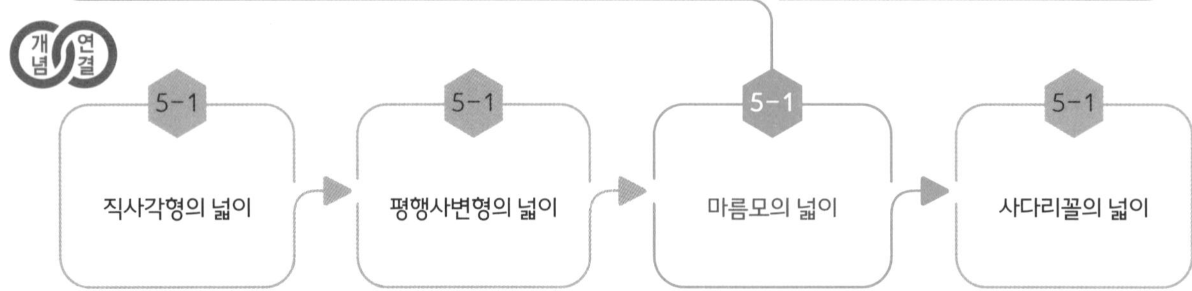

step 2 설명하기

질문 ❶ 마름모를 둘러싸는 직사각형을 그려서 (마름모의 넓이)=(한 대각선의 길이)×(다른 대각선의 길이)÷2가 되는 과정을 설명해 보세요.

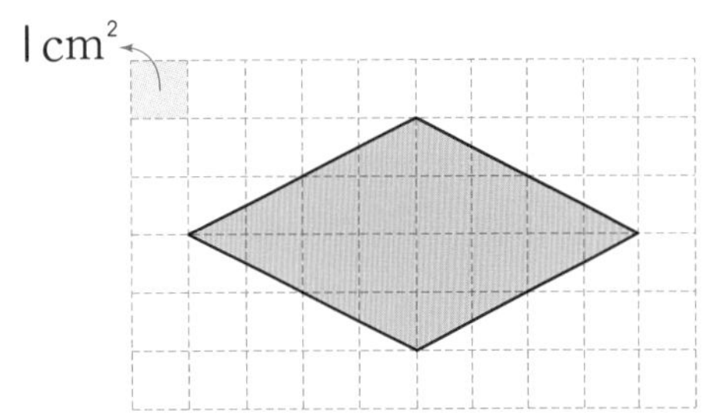

설명하기 마름모를 둘러싸는 직사각형을 그리면 직사각형의 넓이를 구하는 방법을 이용하여 마름모의 넓이를 구할 수 있습니다.
마름모의 한 대각선의 길이는 직사각형의 가로와 같고, 마름모의 다른 대각선의 길이는 직사각형의 세로와 같습니다.
(직사각형의 넓이)=(가로)×(세로)이므로
(마름모의 넓이)=(한 대각선의 길이)×(다른 대각선의 길이)÷2입니다.

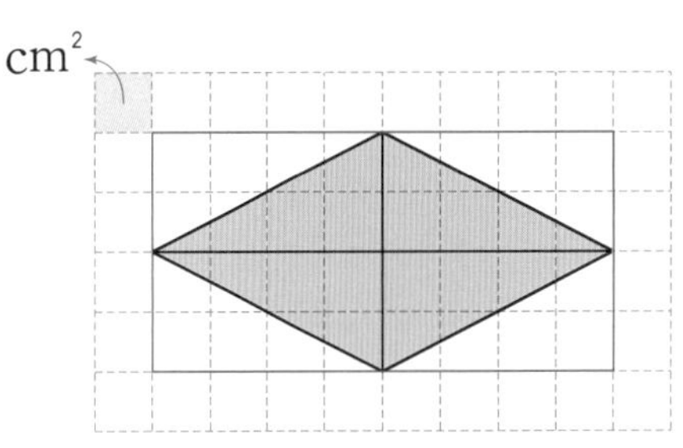

질문 ❷ 마름모를 반으로 자르면 만들어지는 두 삼각형을 이용하여 마름모의 넓이를 구하는 방법을 설명해 보세요.

설명하기 마름모를 반으로 자르면 넓이가 같은 삼각형이 2개 만들어집니다.
마름모의 한 대각선의 길이는 삼각형의 밑변의 길이와 같고, 마름모의 다른 대각선의 길이의 절반은 삼각형의 높이와 같습니다.
(삼각형의 넓이)=(밑변의 길이)×(높이)÷2이므로
(마름모의 넓이)=(한 대각선의 길이)×(다른 대각선의 길이÷2)÷2×2
=(한 대각선의 길이)×(다른 대각선의 길이÷2)입니다.

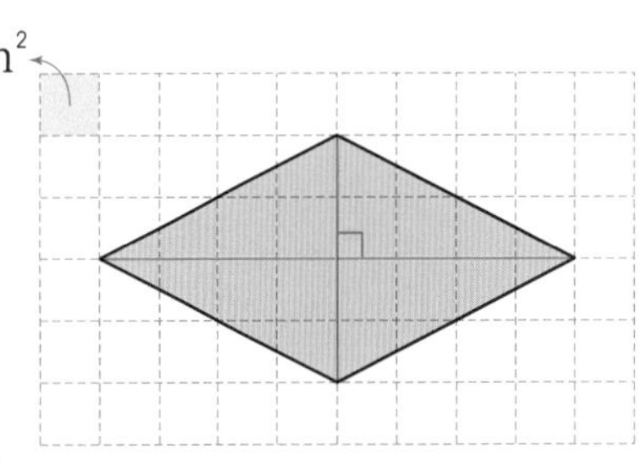

1 마름모의 한 대각선을 따라 잘라서 만든 평행사변형을 그리고 넓이를 구해 보세요.

(1) 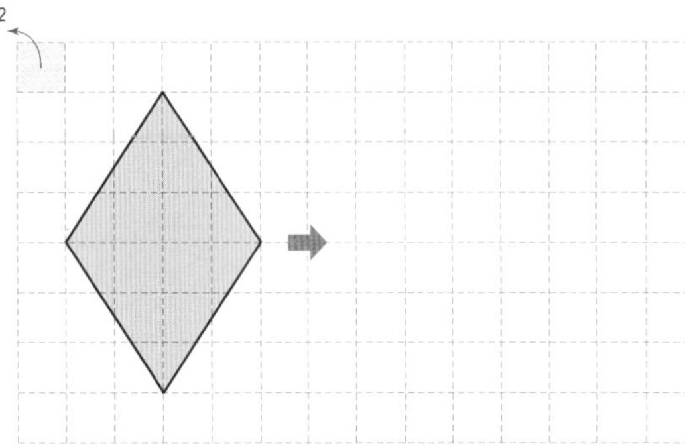

( )

(2) 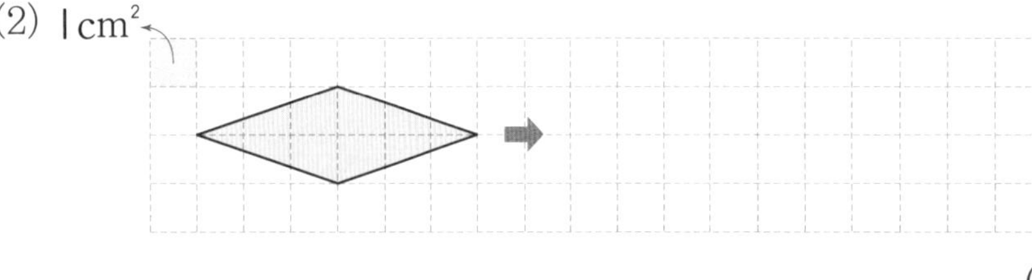

( )

2 마름모를 두 번 잘라서 만든 직사각형을 그리고 넓이를 구해 보세요.

(1) 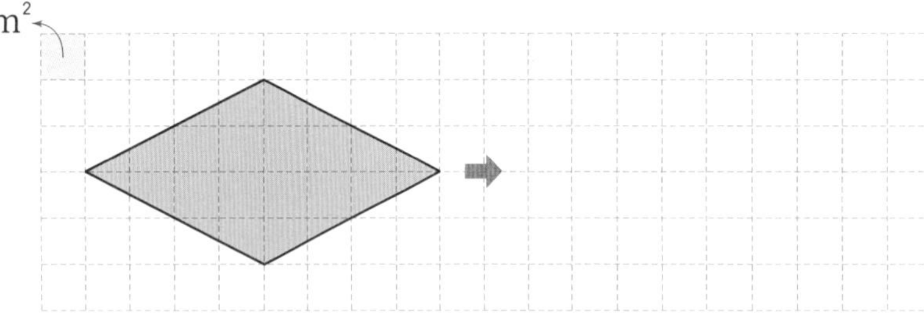

( )

(2) 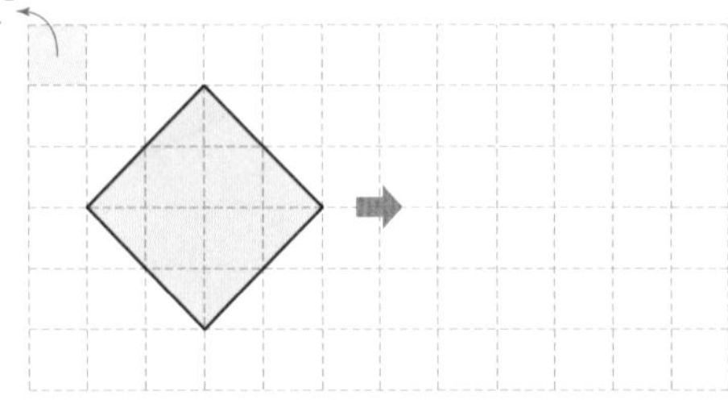

( )

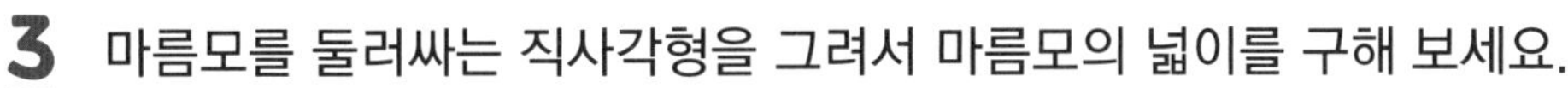

3 마름모를 둘러싸는 직사각형을 그려서 마름모의 넓이를 구해 보세요.

(1)

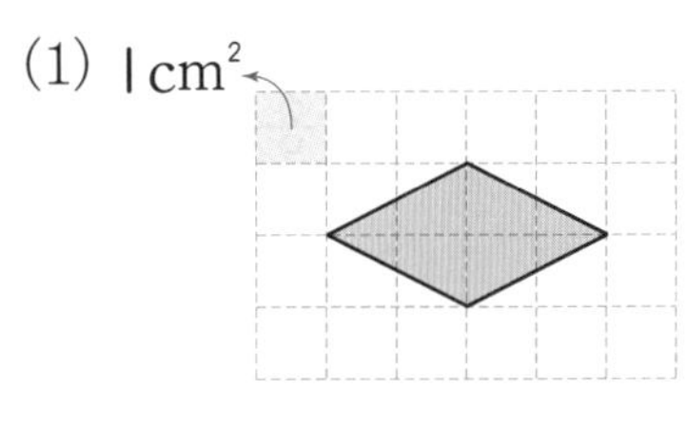

(　　　　　　　　　)

(2) 1 cm²

(　　　　　　　　　)

step 4 도전 문제

4 마름모의 넓이를 비교하여 넓이가 다른 마름모의 기호를 써 보세요.

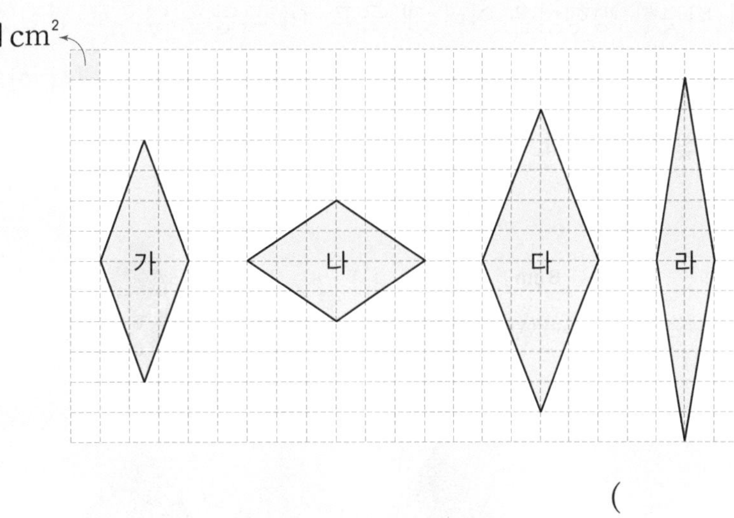

(　　　　　　　　　)

5 넓이가 40 cm^{2}인 마름모의 한 대각선의 길이가 10 cm일 때 다른 대각선의 길이는 몇 cm인지 구해 보세요.

(　　　　　　　　　)

아가일 무늬

아가일 무늬는 다이아몬드 모양이 다양한 색상과 크기로 반복된 것을 말한다. 주로 겨울철 옷, 양말, 가방 등에서 찾아볼 수 있으며, 커튼이나 식탁보 등 다양한 곳에 사용된다.

▲ 다양하게 사용되고 있는 아가일 무늬

아가일 무늬는 영국 스코틀랜드의 섬인 아가일 섬에서 유래했다고 한다. 이 지역 양치기들이 입는 양털로 만든 옷에 처음으로 이 무늬가 사용되었다고 전해진다. 당시에는 간단한 무늬였지만, 점점 유명해지면서 다양한 색상과 스타일로 발전되어 현재의 아가일 무늬로 이어져 오게 되었다.

평면에 간격이 비슷한 평행선을 여러 개 긋고, 이 모양을 옆으로 뒤집었을 때 나오는 직선을 그어서 마름모를 만든 다음 색칠하면 아가일 무늬가 된다. 그래서 아가일 무늬에서는 크고 작은 마름모를 찾을 수 있다.

㉮

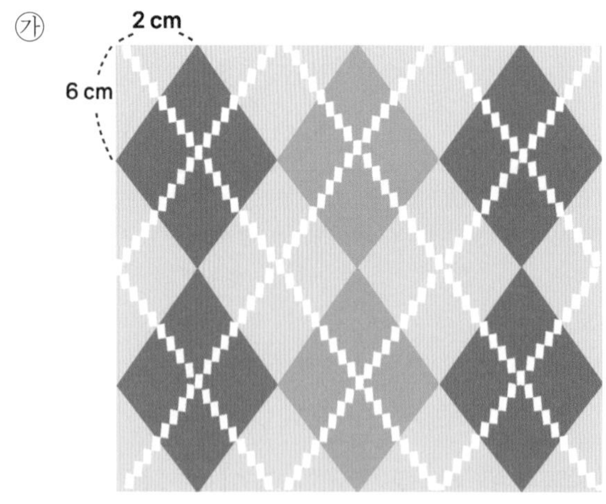

1 아가일 무늬에 대한 설명 중 옳지 않은 것은? (　　　　)

① 아가일 무늬는 아가일 섬에서 유래했다고 한다.
② 아가일 무늬는 커튼이나 식탁보 등 다양한 곳에 사용된다.
③ 아가일 무늬에서는 평행한 선을 찾을 수 있다.
④ 아가일 무늬는 주로 겨울철 옷에서 찾아볼 수 있다.
⑤ 아가일 무늬에서 크고 작은 오각형을 찾을 수 있다.

2 아가일 무늬를 그리는 방법에 대한 설명입니다. 순서대로 기호를 써 보세요.

㉠ 그려진 직선들을 옆으로 뒤집기 한다.
㉡ 간격이 비슷한 평행선을 여러 개 긋는다.
㉢ 크고 작은 마름모를 다양하게 색칠한다.

(　　　　　　　　)

[3～4] 이 글에 나오는 아가일 무늬 그림을 보고 물음에 답하세요.

3 ㉮에서 가장 작은 마름모 16개가 모여서 만들어진 마름모는 모두 몇 개인지 세어 보세요.

(　　　　　　　　)

4 가장 작은 마름모의 넓이를 구해 보세요.

(　　　　　　　　)

5 아가일 무늬를 그려 보세요.

23 사다리꼴의 넓이

다각형의 둘레와 넓이

step 1 30초 개념

• 사다리꼴에서 평행한 두 변을 밑변이라 하고, 한 밑변을 윗변, 다른 밑변을 아랫변이라고 합니다.
이때 두 밑변 사이의 거리를 높이라고 합니다.

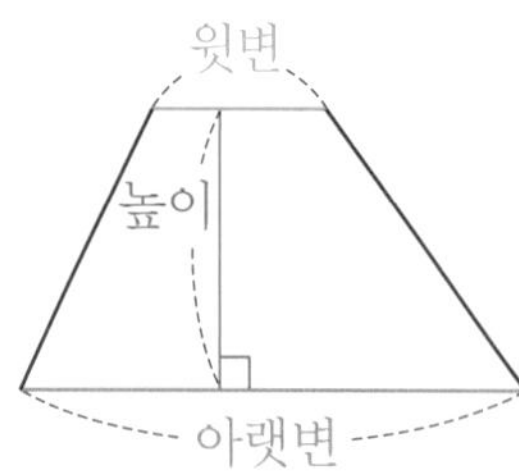

개념 연결

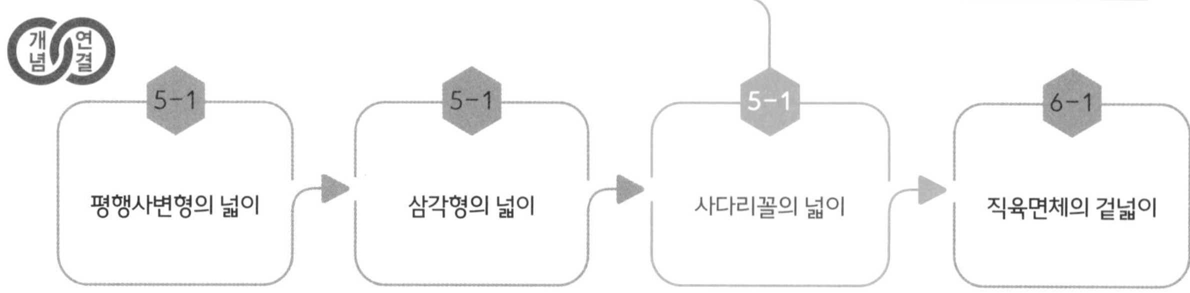

step 2 설명하기

질문 ❶ 사다리꼴 2개를 붙여서 평행사변형을 만들어
(사다리꼴의 넓이)=(윗변의 길이+아랫변의 길이)×(높이)÷2가 되는 과정을 설명해 보세요.

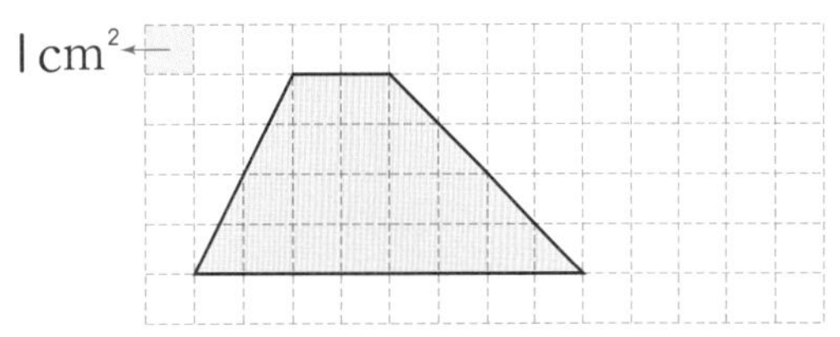

설명하기

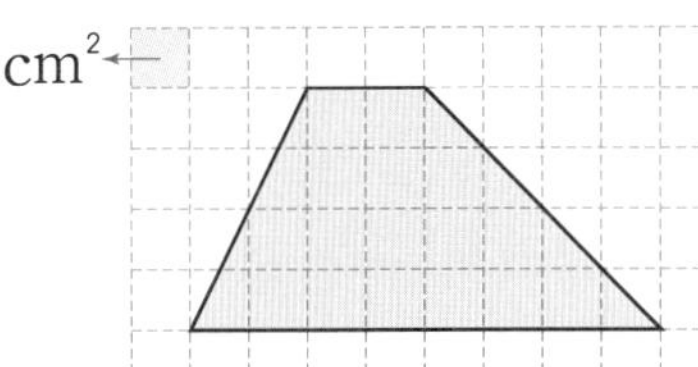

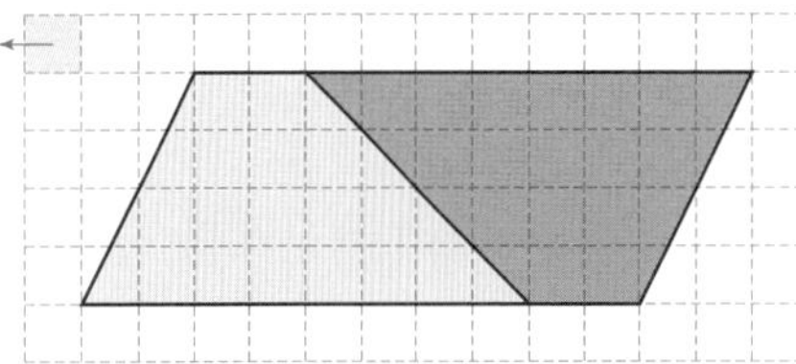

평행사변형의 밑변의 길이는 사다리꼴의 (윗변의 길이+아랫변의 길이)와 같고,
평행사변형의 높이와 사다리꼴의 높이가 같습니다.
(평행사변형의 넓이)=(밑변의 길이)×(높이)이므로
(사다리꼴의 넓이)=(윗변의 길이+아랫변의 길이)×(높이)÷2입니다.

질문 ❷ 사다리꼴에 대각선을 그었을 때 넓이를 구하는 방법을 설명해 보세요.

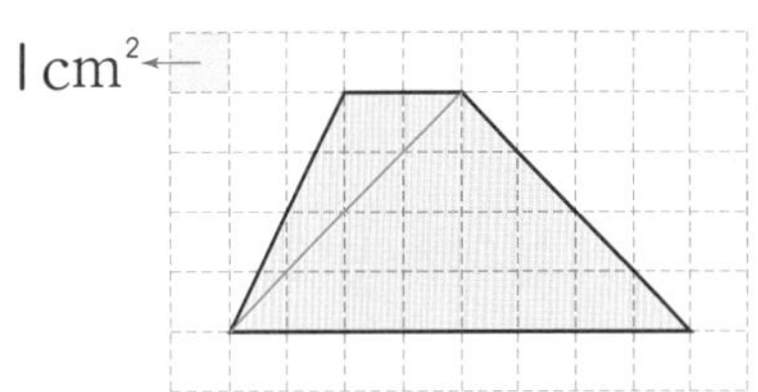

설명하기 사다리꼴의 대각선을 그으면 왼쪽 삼각형의 밑변은 사다리꼴의 윗변이 되고, 오른쪽 삼각형의 밑면은 사다리꼴의 아랫변이 됩니다.
두 삼각형의 높이는 사다리꼴의 높이와 같습니다.
(사다리꼴의 넓이)=(윗변의 길이)×(높이)÷2+(아랫변의 길이)×(높이)÷2
입니다.

1 사다리꼴의 넓이를 삼각형 2개로 나누어서 구해 보세요.

(1)

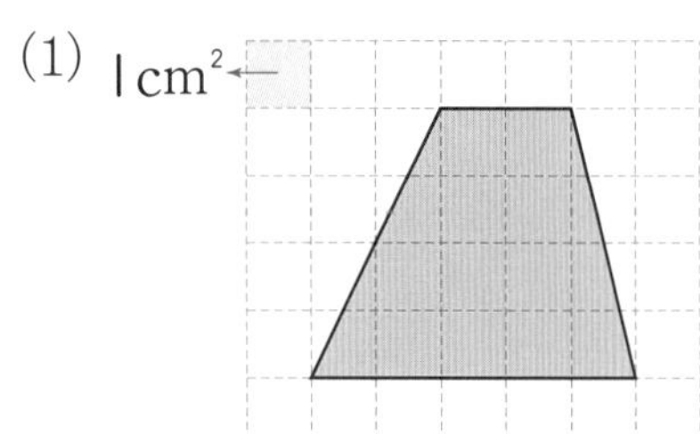

삼각형 1의 넓이 (　　　　　)
삼각형 2의 넓이 (　　　　　)
사다리꼴의 넓이 (　　　　　)

(2)

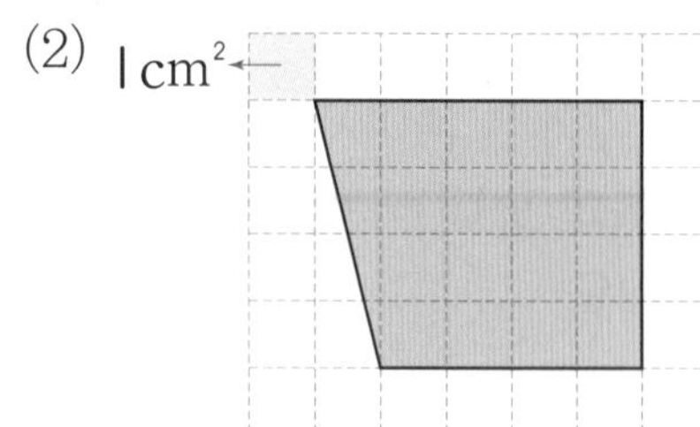

삼각형 1의 넓이 (　　　　　)
삼각형 2의 넓이 (　　　　　)
사다리꼴의 넓이 (　　　　　)

2 사다리꼴의 넓이를 사다리꼴 2개를 붙여 평행사변형을 그려서 구해 보세요.

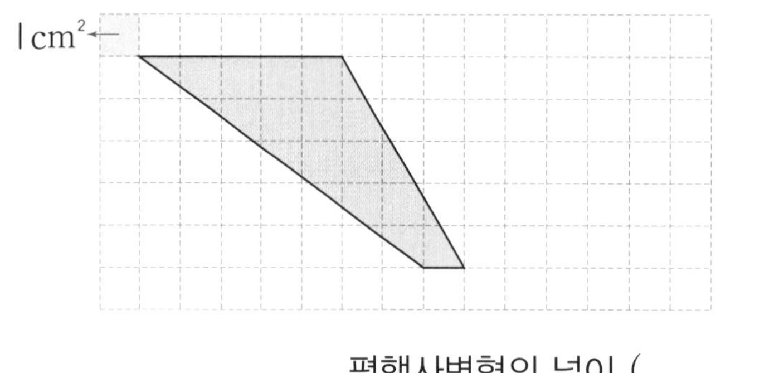

평행사변형의 넓이 (　　　　　)
사다리꼴의 넓이 (　　　　　)

3 사다리꼴의 넓이를 사다리꼴의 높이를 반으로 잘라 평행사변형을 그려서 구해 보세요.

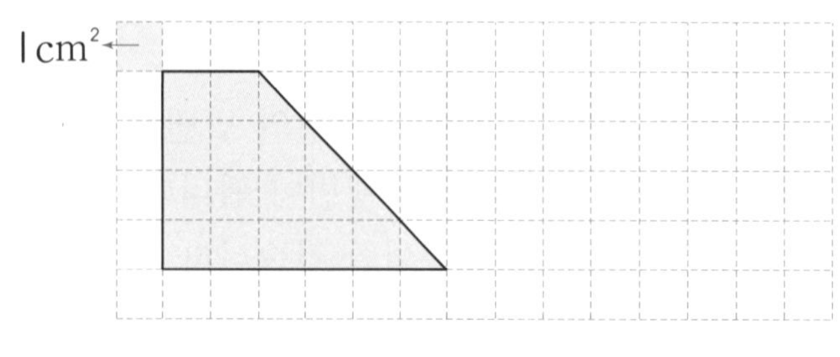

(　　　　　)

4 사다리꼴의 넓이를 구해 보세요.

(1)

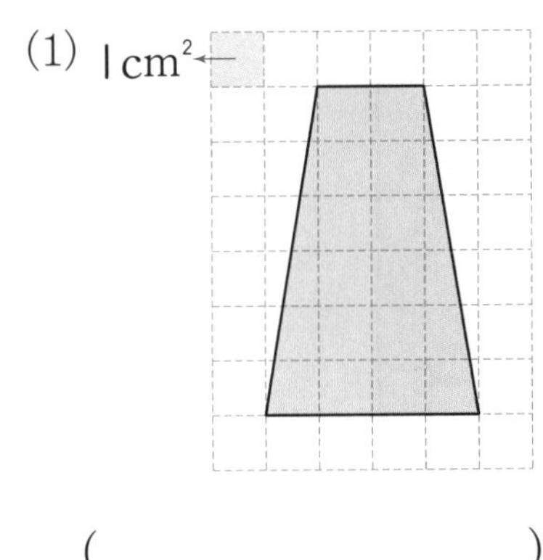

(　　　　　　　　)

(2)

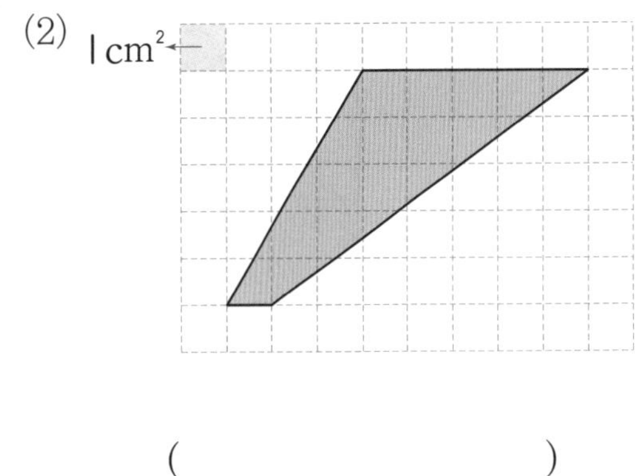

(　　　　　　　　)

step 4 도전 문제

5 사다리꼴의 넓이를 비교하여 넓이가 다른 사다리꼴의 기호를 써 보세요.

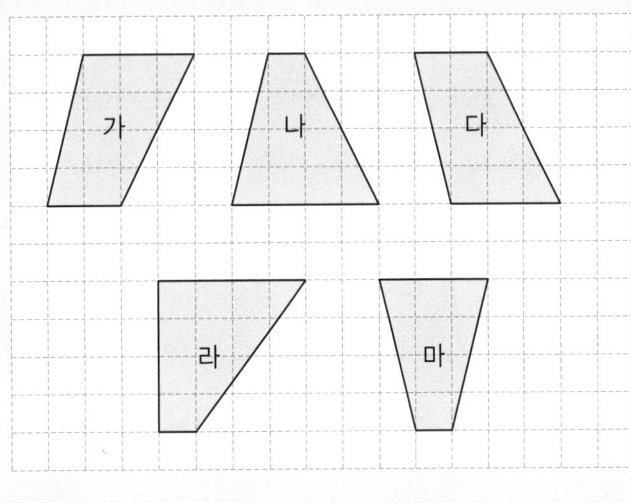

(　　　　　　　　)

6 사다리꼴의 넓이가 20 cm^{2}일 때 높이는 몇 cm인지 구해 보세요.

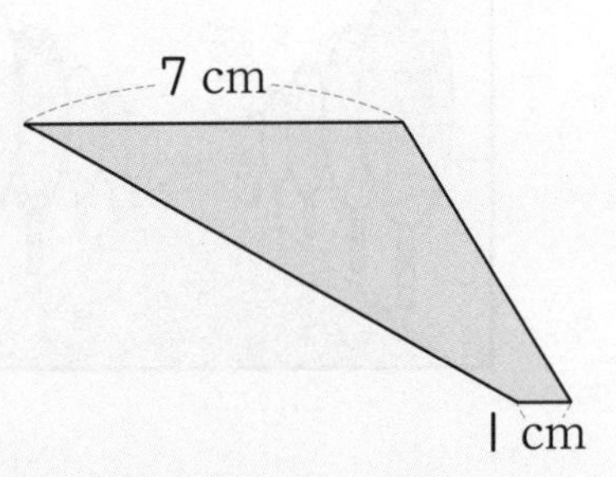

(　　　　　　　　)

원근법

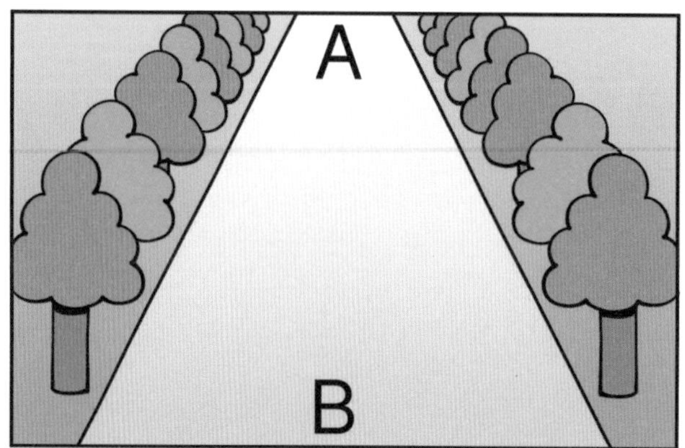

가로수가 드리워진 멋진 길을 그림으로 그렸어요. 여러분이 보기에는 A와 B 중 어디가 더 가까워 보이나요? B가 더 가까워 보이지요. 이렇게 그림을 그릴 때 멀고 가까운 정도를 그림으로 표현하려는 방법을 원근법이라고 해요. 원근법은 가까운 것은 크게, 먼 것은 작게 그리는 투시 원근법과, 가까운 것은 뚜렷하게, 먼 것은 흐릿하게 그리는 대기 원근법이 있어요.

투시 원근법은 선과 선이 만나는 소실점의 개수에 따라 소실점이 1개인 1점 투시법, 소실점이 2개인 2점 투시법, 소실점이 3개인 3점 투시법으로 나뉘어요. 1점 투시법은 입체감이 나타나게 해 주는 기초 기법으로 '평행선 원근법'이라고도 해요. 가로수가 드리워진 위의 그림은 1점 투시법에 해당하지요. 2점 투시법은 물체의 한 면이 아닌 모서리를 보는 방법으로 '사선 원근법'이라고도 합니다. 2점 투시법으로 그려진 그림은 모서리가 앞으로 튀어나온 듯한 느낌을 주지요. 또 두 옆면은 사다리꼴 모양이 되는 것을 확인할 수 있어요. 3점 투시법은 위에서 내려다보는 방법으로 '조감 도법'이라고도 합니다. 풍경화보다는 건축에서 많이 사용하는 기법이지요.

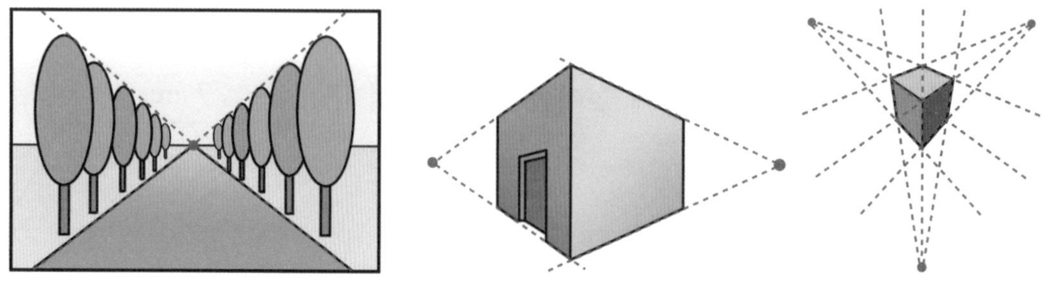

이렇게 원근법을 활용하여 그림을 그리면 평면 위에 그린 그림도 더 입체적이고 깊이감 있게 표현할 수 있답니다.

1 원근법에 대한 설명으로 알맞은 것은? (　　　　)

① 1점 투시법은 건축에서 많이 사용하는 기법이다.
② 3점 투시법은 소실점이 2개이다.
③ 멀리 있는 것을 크게 그리는 방법이다.
④ 입체로 조각하기 위한 방법이다.
⑤ 가깝고 먼 정도를 평면에 그리기 위한 방법이다.

2 그림과 원근법을 알맞게 선으로 이어 보세요.

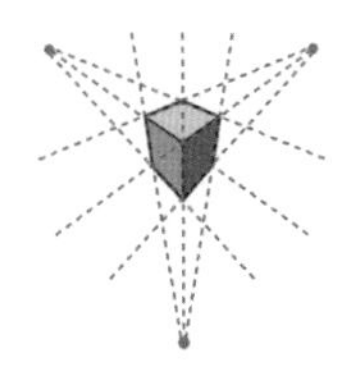

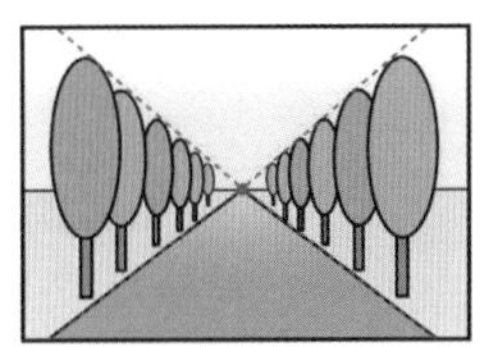

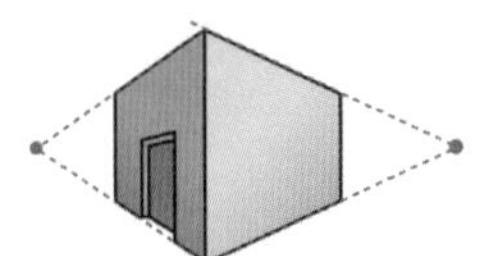

1점 투시법

2점 투시법

3점 투시법

3 그림에서 도로가 있는 부분의 넓이는 몇 cm^2인지 구해 보세요.

(　　　　　　　　)

10 cm
45 cm
50 cm
80 cm

4 2점 투시법으로 건물을 그렸습니다. 두 벽면의 넓이는 몇 cm^2인지 구해 보세요.

(　　　　　　　　)

4 cm
4 cm
7 cm
10 cm
7 cm

01 덧셈, 뺄셈, 곱셈, 나눗셈이 섞여 있는 식의 계산

step 3 개념 연결 문제 012~013쪽

1 (1) 52−34에 ○표 (2) 60÷5에 ○표
(3) 12×3에 ○표 (4) 8×3에 ○표
2 풀이 참조
3 (식) 47−3×5+11=43 (답) 43
4 7×8−40÷2+4=40
5 (식) 25×4÷10=10 (답) 10묶음

step 4 도전 문제 013쪽

6 7, 8, 9, 10 7 6, 8, 3

1 (1) 덧셈과 뺄셈이 있는 식은 앞에서부터 계산합니다.
(2) 곱셈과 나눗셈이 있는 식은 앞에서부터 계산합니다.
(4) 덧셈, 뺄셈, 곱셈, 나눗셈이 섞인 식은 곱셈과 나눗셈을 먼저 계산한 후 앞에서부터 차례대로 계산합니다.

2 (1) 14−5+8=9+8
=17
(①: 14−5, ②: 9+8)

(2) 84÷12×3=7×3
=21
(①: 84÷12, ②: 7×3)

(3) 13+14÷7−7=13+2−7
=15−7
=8
(①: 14÷7, ②: 13+2, ③: 15−7)

(4) 20+15÷3−6×3=20+5−6×3
=20+5−18
=25−18
=7
(①: 15÷3, ②: 6×3, ③: 20+5, ④: 25−18)

3 47−3×5+11=47−15+11
=32+11=43

4 세 번째 식 56−20에서 56은 7×8로, 20은 40÷2로 쓸 수 있습니다. 마찬가지로 네 번째 식 36+4=40에서 36은 세 번째 식의 답과 같으므로 식으로 바꾸어 적을 수 있습니다.

6 가운데 식을 정리하면 5<16−□<10이므로 16−□의 결과는 6, 7, 8, 9이어야 합니다. 따라서 □는 7, 8, 9, 10입니다.

7 13에 가장 큰 수인 8을 곱합니다. 더하기를 하면 수가 커지므로 두 번째로 큰 수인 6을 넣고, 빼기를 하면 수가 작아지므로 가장 작은 수 3을 빼서 계산 결과를 가장 크게 만들 수 있습니다.

step 5 수학 문해력 기르기 015쪽

1 ④ 2 ②
3 (식) 900×3=2700 (답) 2700
4 (식) 1000×4=4000 (답) 4000
5 (식) 1×1500+900×3+1000×4
=8200 (답) 8200

3 영수증에서 생수 1개의 가격은 900원이고 생수를 총 3개 샀으므로
900×3=2700(원)입니다.

4 영수증에서 삼각김밥 1개의 가격은 1000원이고 삼각김밥을 총 4개 샀으므로
1000×4=4000(원)입니다.

5 컵라면 1개의 가격:
1×1500=1500(원)
생수 3병의 가격: 900×3=2700(원),
삼각김밥 4개의 가격:
1000×4=4000(원)입니다.

따라서 지불해야 할 총금액은
$1500+2700+4000=8200$(원)입니다.

02 괄호가 있는 자연수의 혼합 계산

step 3 개념 연결 문제 018~019쪽

1 ㉡, ㉢
2 ㉠; $32-14+12$
3 (1) $=$ (2) $<$ (3) $>$ (4) $<$
4 (1) 51 (2) 10 (3) 2 (4) 21
5 ㉠, ㉢, ㉡
6 $100\div(17+3)=5$

step 4 도전 문제 019쪽

7 $36\div(3\times4)=3$
8 16, 17, 18, 19

1 ㉠ $32-(7+8)=17$, $32-7+8=33$
㉣ $56\div(2\times4)=7$, $56\div2\times4=112$
2 ( )가 없을 때는 곱셈을 먼저 계산합니다.
따라서 $32-7\times2+12=32-14+12$입니다.
5 ㉠ $(80\div4-20)\times5=0\times5=0$
㉡ $20\times(3+5)+30\div6$
$=20\times8+30\div6$
$=160+5=165$
㉢ $99\div(6+5)-2\times3$
$=99\div11-2\times3$
$=9-6=3$
6 $100\div20=5$에서 20은 $17+3$이므로 ( ) 안에 $17+3$을 넣어 식을 완성합니다.
7 ( )가 없을 때는 $36\div3$을 먼저 계산해야 하므로, 계산 순서를 바꾸기 위해서는 3×4에 ( )를 해야 합니다.
8 $10\div2\times3=15$이고,
$80\div(32-28)=20$이므로 $15<\square<20$입니다. 따라서 □에 들어갈 수 있는 자연수는 16, 17, 18, 19입니다.

step 5 수학 문해력 기르기 021쪽

1 ②, ④ **2** ④
3 ③ **4** 화씨온도
5 식 $(77-32)\times5\div9=25$ 답 25 °C

5 화씨온도를 섭씨온도로 바꾸는 방법은 화씨온도에서 32를 뺀 수에 5를 곱하고 9로 나누어야 합니다.
따라서 (화씨온도-32)$\times5\div9$=(섭씨온도)

03 약수

step 3 개념 연결 문제 024~025쪽

1 1, 2, 5, 10
2 (위에서부터) 1, 3, 4, 9 ; 1, 3, 9
3 (×) (○) (○) (○)
4 1, 7에 ○표
5 (1) × (2) ○ (3) ○ (4) ×
6 (1) 1, 5, 25
(2) 1, 2, 3, 6, 9, 18
(3) 1, 2, 11, 22
(4) 1, 2, 3, 5, 6, 10, 15, 30
7 (1) 15에 ○표 (2) 12에 ○표
(3) 24에 ○표 (4) 16에 ○표

step 4 도전 문제 025쪽

8 2, 3, 5, 7 **9** 12

1 10의 약수는 10을 나누어떨어지게 하는 수입니다.

5 (1) 수가 크다고 약수의 개수가 항상 더 많은 것은 아닙니다.

(2) 1은 어떤 수든지 나누어떨어지게 하므로 모든 수의 약수입니다.

(3) 1은 약수의 개수가 1개입니다.

(4) 어떤 수의 약수는 어떤 수와 같기도 합니다. 7의 약수에는 7이 있고, 8의 약수에는 8이 있습니다.

7 (1) 15의 약수: 1, 3, 5, 15
17의 약수: 1, 17

(2) 21의 약수: 1, 3, 7, 21
12의 약수: 1, 2, 3, 4, 6, 12

(3) 24의 약수: 1, 2, 3, 4, 6, 8, 12, 24
26의 약수: 1, 2, 13, 26

(4) 19의 약수: 1, 19
16의 약수: 1, 2, 4, 8, 16

8 약수의 개수가 2개인 수는 약수가 1과 자기 자신인 수입니다.

1의 약수: 1
2의 약수: 1, 2
3의 약수: 1, 3
4의 약수: 1, 2, 4
5의 약수: 1, 5
6의 약수: 1, 2, 3, 6
7의 약수: 1, 7
8의 약수: 1, 2, 4, 8
9의 약수: 1, 3, 9
10의 약수: 1, 2, 5, 10

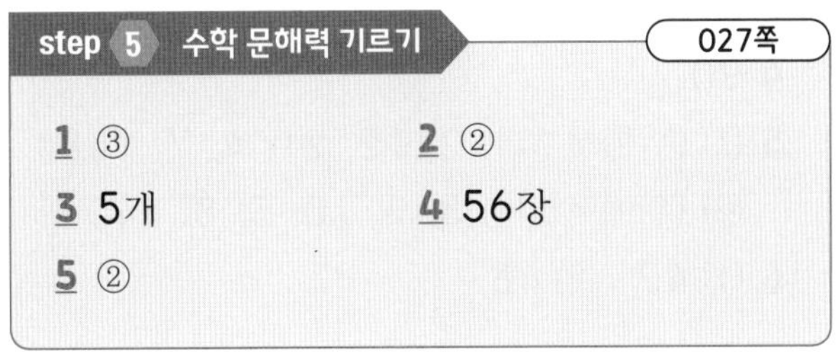
step 5 수학 문해력 기르기 027쪽

1 ③ **2** ②
3 5개 **4** 56장
5 ②

5 56장의 카드를 남김없이 똑같이 나누게 하는 수는 56의 약수이므로 사람 수는 56의 약수와 같습니다. 56의 약수는 1, 2, 4, 7, 8, 14, 28, 56입니다.

04 배수

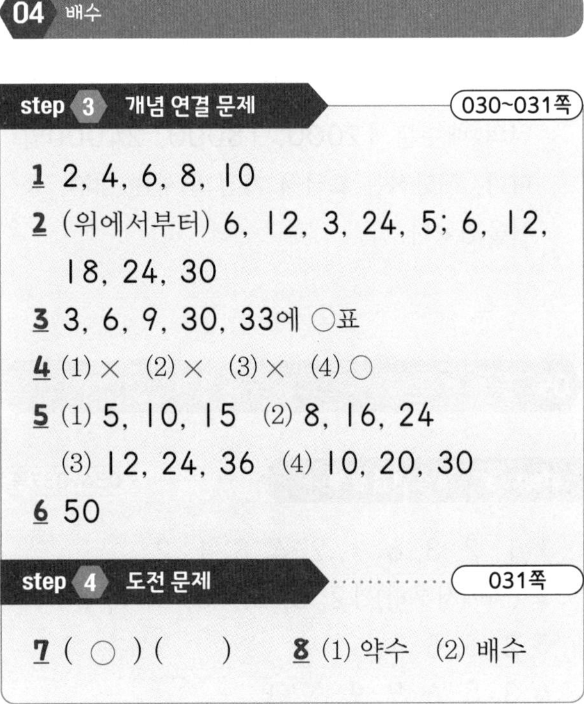
step 3 개념 연결 문제 030~031쪽

1 2, 4, 6, 8, 10
2 (위에서부터) 6, 12, 3, 24, 5; 6, 12, 18, 24, 30
3 3, 6, 9, 30, 33에 ○표
4 (1) × (2) × (3) × (4) ○
5 (1) 5, 10, 15 (2) 8, 16, 24
(3) 12, 24, 36 (4) 10, 20, 30
6 50

step 4 도전 문제 031쪽

7 (○) (   ) **8** (1) 약수 (2) 배수

4 (1) 3의 배수도, 5의 배수도 끝없이 많습니다.

(2) 1은 모든 수의 약수입니다.

(3) 자연수의 배수의 개수는 끝없이 많습니다.

(4) 어떤 수의 배수는 항상 자기 자신을 포함합니다.

6 25의 약수 중 가장 큰 수는 25, 배수 중 가장 작은 수는 25이므로 두 수의 합은 50입니다.

7 $3\times5=15$, $15\div3=5$이므로 15는 3의 배수이고, 3은 15의 약수입니다.

step 5 수학 문해력 기르기 033쪽

1 ④ 2 ②
3 130분 4 동서울, 대전
5 2배

3 2시간 10분마다 동서울로 가는 버스가 있습니다.
4 일반 요금 4000원의 배수는 8000, 12000, 16000입니다. 우등 요금 6000원의 배수는 12000, 18000, 24000입니다. 해당하는 요금을 가진 도시는 대전, 동서울입니다.

05 공약수와 최대공약수

step 3 개념 연결 문제 036~037쪽

1 1, 2, 3, 6; 1, 2, 4, 8; 1, 2
2 (위에서부터) 12, 6, 3, 15, 5; 1, 3
3 2, 3, 6
4 3, 5, 6, 7, 9에 ○표
5 (위에서부터) 2 , 18 , 20, 9, 10;
(식) 2×2=4
6 (1) 22 (2) 16

step 4 도전 문제 037쪽

7 18 8 (1) 1 (2) 1 (3) 1

4 16과 40의 최대공약수는 8이고, 8의 약수는 1, 2, 4, 8입니다. 16과 40의 공약수가 아닌 것은 8의 약수가 아닌 것과 같습니다. 따라서 1~9의 수 중에서 8의 약수가 아닌 수는 3, 5, 6, 7, 9입니다.
7 두 수의 최대공약수가 6이라면, 어떤 수는 6의 배수입니다. 어떤 수는 15보다 크고, 20보다 작은 수이므로 18입니다. 18의 약수는 1, 2, 3, 6, 9, 18로 약수는 6개입니다.
8 15와 1의 공약수, 19와 17의 공약수, 1과 1의 공약수는 1밖에 없습니다.
따라서 최대공약수는 1입니다.

step 5 수학 문해력 기르기 039쪽

1 ③ 2 ㉡, ㉢, ㉠
3 5 cm 4 1 cm 또는 2 cm
5 6 cm

4 헤드의 프레임의 가로의 길이가 20 cm, 세로의 길이가 30 cm이므로 5 cm보다 더 촘촘하게 일정한 간격으로 구멍을 뚫기 위해서는 두 수의 공약수인 간격으로 뚫어야 합니다. 두 수의 공약수 중 5보다 더 작은 공약수는 1과 2입니다.
5 송곳을 가장 적게 사용하기 위해서는 간격을 넓혀야 하므로 두 수의 최대공약수를 구해야 합니다. 30과 36의 최대공약수는 6입니다.

06 공배수와 최소공배수

step 3 개념 연결 문제 042~043쪽

1 (위에서부터) 8, 16, 24, 32, 40;
12, 24, 36, 48, 60; 24
2 (위에서부터) 18, 9, 6, 15, 5; 90
3 4×5×5=100
4 90
5 (1) (위에서부터) 2, 12, 21, 4, 7; 168
(2) (위에서부터) 3, 2, 10, 5, 8; 240
6 (1) 42 (2) 48

step 4 도전 문제 043쪽

7 20 8 60 cm

4 30과 45를 여러 수의 곱으로 나타내었을 때, 공통으로 들어 있는 식은 3×5입니다. 두 수의 최대공약수는 15이므로 두 수의 최소공배수는 $15\times2\times3$입니다.

6 (1) 7) 14 21 → 2 3 (2) 8) 16 24 → 2 3

7 4) 8 □ → 2 △

8과 □의 최소공배수는 $4\times2\times△=40$, △=5입니다. □$=4\times△$이므로 20입니다.

8 4) 20 12 → 5 3

20과 12의 최소공배수: $4\times5\times3=60$

step 5 수학 문해력 기르기 045쪽

1 ③ 2 뱀띠
3 계사 4 60
5 24년

4 2) 10 12 → 5 6

10과 12의 최소공배수: $2\times5\times6=60$

5 2) 8 6 → 4 3

8과 6의 최소공배수: $2\times4\times3=24$

07 두 양 사이의 관계

step 3 개념 연결 문제 048~049쪽

1 많습니다에 ○표, 12에 ○표
2 (앞에서부터) 4, 5, 6
3 (앞에서부터) 8, 10, 12
4 11살
5 (앞에서부터) 3, 6, 9, 12
6 (앞에서부터) 1400, 2100, 2800

step 4 도전 문제 049쪽

7 15개

2 삼각형의 개수는 사각형보다 1개 더 많습니다.

3 원의 수는 사각형의 수를 2배 한 것보다 2개 더 많습니다.

4 수지와 동생의 나이는 4살 차이입니다.

5 세발자전거의 바퀴의 수는 세발자전거 수의 3배입니다.

6 아이스크림의 가격은 $700\times$(아이스크림의 개수)입니다.

7 첫 번째는 1, 두 번째는 $1+2$, 세 번째는 $1+2+3$, 네 번째는 $1+2+3+4$이므로 다섯 번째에 놓을 바둑돌의 수는 $1+2+3+4+5=15$(개)입니다.

step 5 수학 문해력 기르기 051쪽

1 ①, ③ 2 ⑤
3 3장 4 1개
5 15장

5 꽃받침 1개에 꽃잎은 3장 필요합니다. (꽃받침의 수)$\times3=$(꽃잎의 수)입니다.

08 대응 관계를 식으로 나타내기

step 3 개념 연결 문제 (054~055쪽)

1 11, 12; ○−□=2012 또는 ○−2012=□ 또는 □+2012=○

2 □×2　　　3 □−31

4 ○×12 또는 12×○

5 ○÷5

step 4 도전 문제 (055쪽)

6 6, 8; (○×2)+2=□ 또는 (□÷2)−1=○ 또는 □−(○×2)=2

1 연도가 1씩 늘어날수록 봄이의 나이도 1씩 늘어납니다. 따라서 봄이의 나이와 연도의 차이는 2012로 일정합니다.

2 탁자 1개에 의자 2개씩 놓습니다.

3 엄마와 소희의 나이 차는 31로 일정합니다.

6 사진 1개에 왼쪽에 누름 못 2개, 오른쪽에 2개씩 끼웁니다. 사진이 1개씩 늘어날 때, 왼쪽에 끼우는 누름 못은 2씩 늘어나지만 오른쪽 누름 못 2개의 수는 변하지 않습니다. 따라서 (사진의 수)×2+2=(누름 못의 수)입니다.

step 5 수학 문해력 기르기 (057쪽)

1 ④　　　2 ③

3 24개　　　4 135°

5 오후 8시 또는 20시

6 ○+9

5 영국의 시간은 본초 자오선과 같습니다. 우리나라의 표준시는 본초 자오선 상의 시계보다 9시간 빠릅니다.

6 우리나라의 표준시는 영국의 시각보다 9시간 빠르므로 (영국 표준시)+9=(우리나라 표준시)입니다.

09 크기가 같은 분수

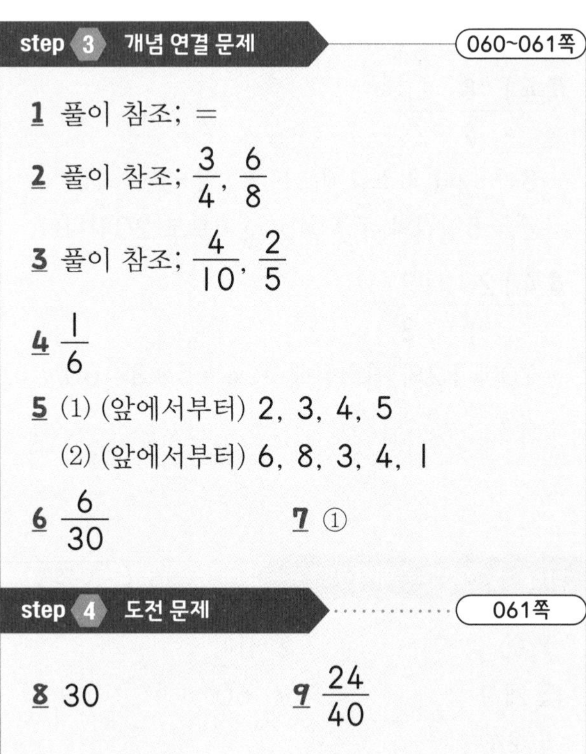

step 3 개념 연결 문제 (060~061쪽)

1 풀이 참조; =

2 풀이 참조; $\frac{3}{4}$, $\frac{6}{8}$

3 풀이 참조; $\frac{4}{10}$, $\frac{2}{5}$

4 $\frac{1}{6}$

5 (1) (앞에서부터) 2, 3, 4, 5

(2) (앞에서부터) 6, 8, 3, 4, 1

6 $\frac{6}{30}$　　　7 ①

step 4 도전 문제 (061쪽)

8 30　　　9 $\frac{24}{40}$

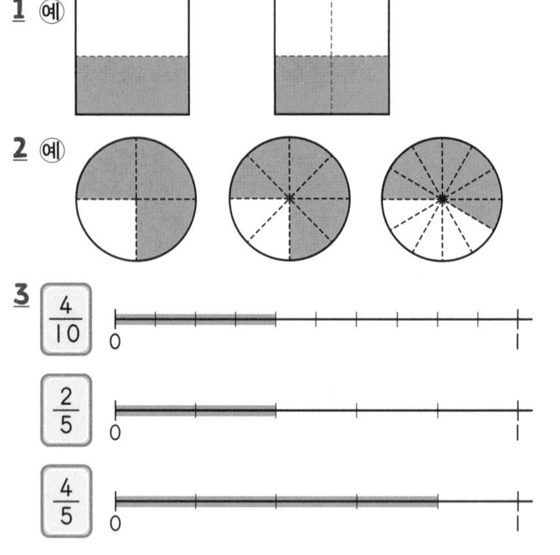

7 ① $\frac{2\times3}{4\times3}=\frac{6}{12}$ ② $\frac{3\times2}{7\times2}=\frac{6}{14}$

③ $\frac{3\times2}{10\times2}=\frac{6}{20}$ ④ $\frac{2\times3}{8\times3}=\frac{6}{24}$

⑤ $\frac{11\times3}{11\times3}=\frac{33}{33}$

8 $\frac{3}{5}=\frac{3\times3}{5\times3}=\frac{3\times5}{5\times5}$이므로

□$=5\times3=15$, △$=3\times5=15$입니다.

따라서 $15+15=30$입니다.

9 $\frac{3}{5}$과 크기가 같은 분수는

$\frac{6}{10}=\frac{9}{15}=\frac{12}{20}=\frac{15}{25}=\frac{18}{30}=\frac{21}{35}=\frac{24}{40}$

$=\frac{27}{45}=\cdots\cdots$ 중에서 분모와 분자의 합이

64인 분수는 $\frac{24}{40}$입니다.

step 5 수학 문해력 기르기 063쪽

1 ④ **2** ③

3 ④ **4** 2분음표(𝅗𝅥)

5 8분음표(♪)

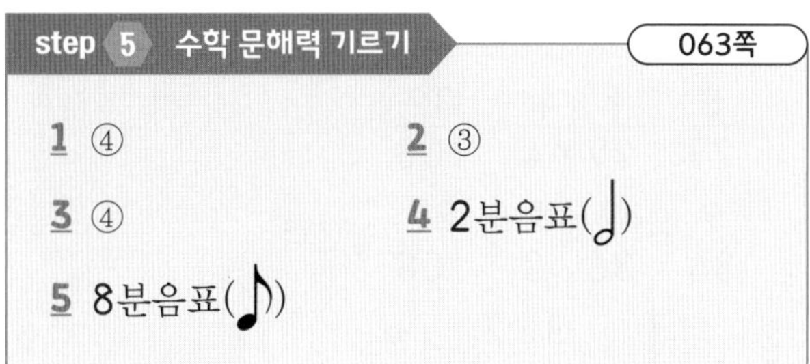

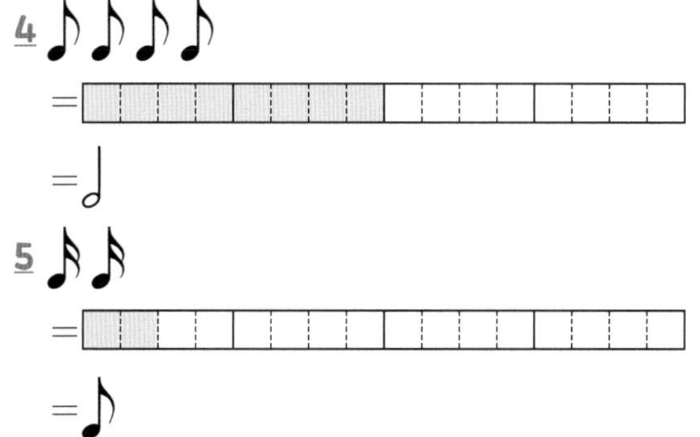

10 약분

step 3 개념 연결 문제 066~067쪽

1 (앞에서부터) (1) 2, $\frac{1}{4}$ (2) 3, $\frac{3}{5}$

(3) 5, 5, $\frac{1}{5}$

(4) 4, 4, $\frac{2}{9}$ 또는 2, 2, $\frac{4}{18}$

2 (1) $\frac{3}{10}$ (2) $\frac{5}{12}$ (3) $\frac{2}{3}$ (4) $\frac{2}{7}$

3 2 **4** 7

5 $\frac{32}{56}$, $\frac{24}{40}$ **6** $\frac{15}{35}$

step 4 도전 문제 067쪽

7 3, 5에 ○표 **8** $\frac{27}{36}$, $\frac{18}{24}$

2 (1) 분모와 분자의 최대공약수 4로 약분합니다.

(2) 분모와 분자의 최대공약수 5로 약분합니다.

(3) 분모와 분자의 최대공약수 14로 약분합니다.

(4) 분모와 분자의 최대공약수 10으로 약분합니다.

3 63을 9로 나누면 7입니다. 따라서 크기가 같은 분수를 만들기 위해 분자를 9로 나누면 2입니다.

5 기약분수를 만들기 위해서는 분모와 분자의 최대공약수로 약분해야 합니다. 32와 56의 최대공약수는 8, 16과 32의 최대공약수는 16, 24와 40의 최대공약수는 8입니다.

7 16과 40의 공약수가 아닌 수를 찾으면 3, 5입니다.

8 분모가 72보다 작고, 분자가 54보다 작은

크기가 같은 분수는 $\frac{54}{72}$를 약분한 수입니다. 72와 54의 공약수는 1, 2, 3, 6, 9, 18이고, $\frac{54}{72}$를 약분한 수 중 분자가 두 자리인 수를 찾기 위해서 공약수 중 작은 수로 나누어 계산합니다.

2로 약분하면 $\frac{27}{36}$, 3으로 약분하면 $\frac{18}{24}$, 6으로 약분하면 $\frac{9}{12}$이고 이중 분자가 두 자리 수인 분수는 $\frac{27}{36}$, $\frac{18}{24}$입니다.

step 5 수학 문해력 기르기 069쪽

1 ⑤　2 풀이 참조

3 $\frac{1}{2}$　4 $\frac{1}{2}$

5 (앞에서부터) $\frac{1}{2}$, $\frac{1}{2}$, 1

2 예

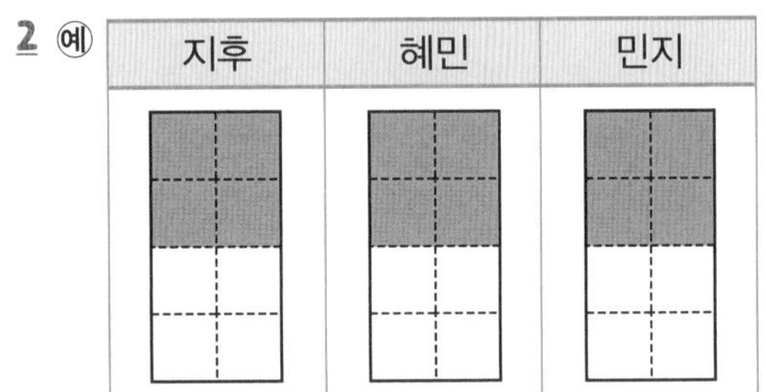

5 $\frac{32}{64}$를 기약분수로 나타내면 $\frac{1}{2}$이고, $\frac{4}{8}$를 기약분수로 나타내면 $\frac{1}{2}$이므로

$\frac{32}{64}+\frac{4}{8}=\frac{1}{2}+\frac{1}{2}=1$입니다.

11 통분과 분수의 크기 비교

step 3 개념 연결 문제 072~073쪽

1 60에 ○표

2 (1) 21, 40　(2) 5, 9

(3) 7, 24　(4) 4, 25

3 7　4 2개

5 $\frac{8}{27}$에 ○표

6 (1) $>$　(2) $<$　(3) $>$　(4) $>$

step 4 도전 문제 073쪽

7 36에 ○표　8 36

4 22와 11의 최소공배수는 22입니다. 공통분모는 22의 배수인 22, 44, 66……가 될 수 있습니다. 50보다 작은 공통분모는 22와 44입니다.

5 두 분수의 크기를 비교하기 위해 공통분모 108로 통분하면

$\frac{8}{27}=\frac{8\times4}{27\times4}=\frac{32}{108}$,

$\frac{9}{36}=\frac{9\times3}{36\times3}=\frac{27}{108}$입니다.

6 (1) $\frac{3}{21}=\frac{3\times2}{21\times2}=\frac{6}{42}$

(2) $\frac{3}{11}=\frac{3\times7}{11\times7}=\frac{21}{77}$

(3) $\frac{5}{18}=\frac{5\times4}{18\times4}=\frac{20}{72}$

(4) $\frac{7}{12}=\frac{7\times5}{12\times5}=\frac{35}{60}$,

$\frac{11}{20}=\frac{11\times3}{20\times3}=\frac{33}{60}$

7 16과 6의 최소공배수는 48입니다. 두 분수의 공통분모는 48의 배수이므로 36은 공통분모가 될 수 없습니다.

8 두 분수의 공통분모는 6과 9의 최소공배수

인 18의 배수입니다. 조건에서 6과 9의 최소공배수는 아니라고 했으므로 18보다 큰 18의 배수를 찾습니다. 36, 54 …… 또 다른 조건에서 두 분수의 공통분모가 54보다 작다고 했으므로 36입니다.

step 5 수학 문해력 기르기 **075쪽**

1 정사각형 **2** ⑤

3 $\frac{2}{4}$ **4** ( ) (○)

5 (앞에서부터) $\frac{25}{30}$, >, $\frac{24}{30}$

1 도미노는 정사각형 2개를 이어 붙여 만든 도형으로, 각 정사각형에는 점의 개수가 0부터 6개까지 그려져 있습니다.

4 $\frac{3}{6}=\frac{1}{2}$입니다. 규칙 ❷에 의해서 도미노의 크기가 같다면 분모가 더 작은 분수를 낸 사람이 가져갑니다.

12 분수와 소수의 크기 비교

step 3 개념 연결 문제 **078~079쪽**

1 (1) > (2) = (3) > (4) <

2 ①, ② **3** ④

4 $\frac{19}{40}$에 ○표, 0.125에 △표

5 1, 2 **6** ㉠, ㉢, ㉡

step 4 도전 문제 **079쪽**

7 가을

8 $\frac{9}{50}$, $\frac{7}{20}$, $\frac{17}{25}$, 0.7

2 $\frac{27}{40}=\frac{27\times25}{40\times25}=\frac{675}{1000}=0.675$

3 $0.5=\frac{1}{2}$이므로 절반을 의미합니다. 따라서 분자가 분모의 반보다 더 작으면 0.5보다 작은 수입니다.

4 분수를 소수로 나타내면 $\frac{1}{5}=0.2$, $\frac{19}{40}=0.475$이므로 가장 큰 수는 $\frac{19}{40}$, 가장 작은 수는 0.125입니다.

5 $\frac{7}{25}=\frac{7\times4}{25\times4}=\frac{28}{100}=0.28$입니다.
0.28>0.□이므로 1부터 9까지의 자연수 중에서 □ 안에 들어갈 수 있는 수는 1, 2입니다.

6 $\frac{24}{5}=4\frac{4}{5}=4.8$입니다.

7 도서관에서 가을이네 집까지의 거리를 소수로 바꾸면 0.75 km이므로 도서관까지의 거리가 더 먼 사람은 가을입니다.

step 5 수학 문해력 기르기 **081쪽**

1 ① **2** ㉢, ㉡, ㉠

3 (1) > (2) > (3) > (4) >

4 (앞에서부터) 25, 25, $\frac{75}{100}$, 7, 5

3 (1) $\frac{1}{4}$컵$=\frac{25}{100}$컵$=0.25$컵

(2) $0.5\,\mathrm{T}=\frac{5}{10}\,\mathrm{T}=\frac{15}{30}\,\mathrm{T}$

$\frac{1}{3}\,\mathrm{T}=\frac{10}{30}\,\mathrm{T}$

(3) $1\,\mathrm{t}=\frac{1}{3}\,\mathrm{T}$

(4) $\frac{1}{2}\,\mathrm{t}=0.5\,\mathrm{t}$입니다.

4 분수를 소수로 바꾸기 위해서는 분모를 10, 100, 1000과 같은 수로 바꾸어 주어야 합니다.

13 진분수의 덧셈

step 3 개념 연결 문제 084~085쪽

1 (위에서부터) $\frac{2}{4}$, $\frac{3}{4}$

2 (1) 6, $\frac{9}{15}$ (2) 8, 12, $\frac{20}{36}$

(3) 12, 7, $\frac{19}{21}$ (4) 9, 24, $\frac{33}{54}$

3 (1) $<$ (2) $>$

4 (1) $1\frac{11}{24}$ (2) $1\frac{7}{12}$

(3) $1\frac{16}{30}$ (4) $1\frac{6}{22}$

5 $1\frac{1}{20}$

step 4 도전 문제 085쪽

6 풀이 참조 **7** $1\frac{4}{21}$

3 (1) $\frac{4}{7}+\frac{1}{2}=\frac{8}{14}+\frac{7}{14}=\frac{15}{14}=1\frac{1}{14}$이므로 1보다 큽니다.

(2) $\frac{17}{20}+\frac{4}{5}=\frac{17}{20}+\frac{16}{20}=\frac{33}{20}=1\frac{13}{20}$이므로 2보다 작습니다.

4 (1) $\frac{7}{8}+\frac{7}{12}=\frac{21}{24}+\frac{14}{24}=\frac{35}{24}=1\frac{11}{24}$

(2) $\frac{3}{4}+\frac{5}{6}=\frac{9}{12}+\frac{10}{12}=\frac{19}{12}=1\frac{7}{12}$

(3) $\frac{13}{15}+\frac{20}{30}=\frac{26}{30}+\frac{20}{30}=\frac{46}{30}=1\frac{16}{30}$

(4) $\frac{1}{2}+\frac{17}{22}=\frac{11}{22}+\frac{17}{22}=\frac{28}{22}=1\frac{6}{22}$

5 분자가 같을 때 분모가 작은 수가 더 큰 분수입니다. 따라서 가장 큰 수는 $\frac{3}{4}$이고, 가장 작은 수는 $\frac{3}{10}$이므로 두 분수의 덧셈은 $\frac{3}{4}+\frac{3}{10}=\frac{15}{20}+\frac{6}{20}=\frac{21}{20}=1\frac{1}{20}$입니다.

6 $\frac{3}{5}+\frac{7}{10}=\frac{6}{10}+\frac{7}{10}$

$=\frac{6+7}{10}$

$=\frac{13}{10}=1\frac{3}{10}$

7 분모가 3인 단위분수는 $\frac{1}{3}$이고, 분모가 7이고 분자가 분모보다 1 작은 분수는 $\frac{6}{7}$입니다.

따라서 $\frac{1}{3}+\frac{6}{7}=\frac{7}{21}+\frac{18}{21}=\frac{25}{21}=1\frac{4}{21}$입니다.

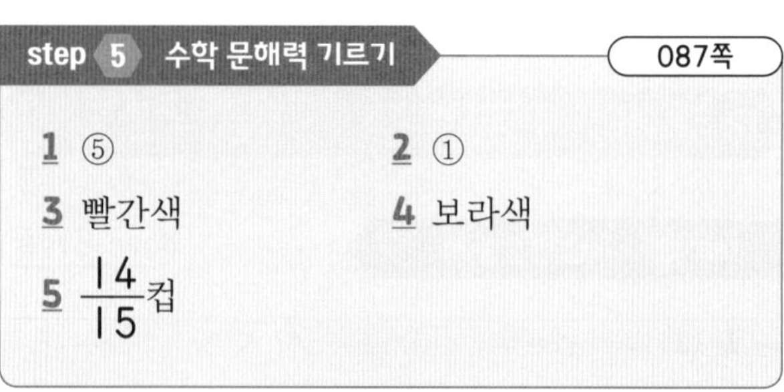

step 5 수학 문해력 기르기 087쪽

1 ⑤ **2** ①

3 빨간색 **4** 보라색

5 $\frac{14}{15}$컵

3 $\frac{2}{5}=\frac{6}{15}$, $\frac{1}{3}=\frac{5}{15}$, $\frac{1}{5}=\frac{3}{15}$이므로 빨간색 색소에 부은 물의 양이 가장 많습니다.

5 $\frac{2}{5}+\frac{1}{3}+\frac{1}{5}=\frac{6}{15}+\frac{5}{15}+\frac{3}{15}=\frac{14}{15}$

14 대분수의 덧셈

step 3 개념 연결 문제 090~091쪽

1 (1) 풀이 참조 (2) 풀이 참조
2 (1) 풀이 참조 (2) 풀이 참조
3 (1) > (2) > **4** ㉢

step 4 도전 문제 091쪽

5 겨울 **6** $9\frac{11}{20}$

1 (1) $2\frac{3}{5}+3\frac{2}{15}=(2+3)+\left(\frac{3}{5}+\frac{2}{15}\right)$
$=5+\left(\frac{9}{15}+\frac{2}{15}\right)$
$=5+\frac{11}{15}=5\frac{11}{15}$

(2) $1\frac{1}{4}+1\frac{5}{8}=(1+1)+\left(\frac{1}{4}+\frac{5}{8}\right)$
$=2+\left(\frac{2}{8}+\frac{5}{8}\right)$
$=2+\frac{7}{8}=2\frac{7}{8}$

2 (1) $1\frac{2}{9}+3\frac{5}{6}=\frac{11}{9}+\frac{23}{6}=\frac{22}{18}+\frac{69}{18}$
$=\frac{91}{18}=5\frac{1}{18}$

(2) $2\frac{13}{20}+2\frac{3}{10}=\frac{53}{20}+\frac{23}{10}=\frac{53}{20}+\frac{46}{20}$
$=\frac{99}{20}=4\frac{19}{20}$

3 (1) $3\frac{4}{5}+1\frac{1}{3}$의 자연수 부분만 계산해도 4가 되므로 4보다 더 큰 수입니다.

(2) $2\frac{1}{6}+2\frac{1}{3}=(2+2)+\left(\frac{1}{6}+\frac{2}{6}\right)$
$=4\frac{3}{6}=4\frac{1}{2}$

이므로 $5\frac{1}{2}$이 더 큽니다.

4 ㉠ $1\frac{3}{5}+1\frac{1}{2}=(1+1)+\left(\frac{6}{10}+\frac{5}{10}\right)$
$=2+\frac{11}{10}=2+1\frac{1}{10}$
$=3\frac{1}{10}$

㉡ $1\frac{5}{6}+\frac{2}{3}=1+\left(\frac{5}{6}+\frac{2}{3}\right)$
$=1+\left(\frac{5}{6}+\frac{4}{6}\right)$
$=1+\frac{9}{6}$
$=1+1\frac{3}{6}=2\frac{3}{6}$

㉢ $1\frac{3}{5}+1\frac{9}{10}=(1+1)+\left(\frac{3}{5}+\frac{9}{10}\right)$
$=2+\left(\frac{6}{10}+\frac{9}{10}\right)$
$=2+\frac{15}{10}$
$=2+1\frac{5}{10}=3\frac{5}{10}$

5 가을이는 분수의 덧셈에서 분모를 통분하지 않고 분모끼리, 분자끼리 더했습니다.

6 가장 작은 대분수는 자연수 부분에 가장 작은 수를 넣고, 가장 큰 대분수는 자연수 부분에 가장 큰 수를 넣어 대분수를 만들면 됩니다.

따라서 봄이가 만든 대분수는 $3\frac{4}{5}$, 여름이가 만든 대분수는 $5\frac{3}{4}$입니다.

$3\frac{4}{5}+5\frac{3}{4}=(3+5)+\left(\frac{4}{5}+\frac{3}{4}\right)$
$=8+\left(\frac{16}{20}+\frac{15}{20}\right)=8+\frac{31}{20}$
$=8+1\frac{11}{20}=9\frac{11}{20}$

step 5 수학 문해력 기르기 093쪽

1 ② **2** ③

3 $11\frac{1}{12}$큰술 **4** $12\frac{7}{12}$큰술

5 $13\frac{3}{12}$큰술

3 다진 마늘 $1\frac{1}{3}$큰술, 고추장 $1\frac{1}{2}$큰술, 진간장 $2\frac{1}{4}$큰술, 맛술 1큰술, 물 5큰술입니다.

$1\frac{1}{3}+1\frac{1}{2}+2\frac{1}{4}+1+5$
$=(1+1+2+1+5)+\left(\frac{1}{3}+\frac{1}{2}+\frac{1}{4}\right)$
$=10+\left(\frac{4}{12}+\frac{6}{12}+\frac{3}{12}\right)$
$=10+\frac{13}{12}=10+1\frac{1}{12}$
$=11\frac{1}{12}$

4 $11\frac{1}{12}$에 물엿 $1\frac{1}{2}$큰술을 넣으면

$11\frac{1}{12}+1\frac{1}{2}=(11+1)+\left(\frac{1}{12}+\frac{1}{2}\right)$
$=12+\left(\frac{1}{12}+\frac{6}{12}\right)$
$=12\frac{7}{12}$(큰술)입니다.

5 다 조리된 양념은 $12\frac{7}{12}$큰술에 참기름 $\frac{2}{3}$큰술을 넣으면 됩니다.

$12\frac{7}{12}+\frac{2}{3}=12\frac{7}{12}+\frac{8}{12}$
$=12\frac{15}{12}=13\frac{3}{12}$

15 진분수의 뺄셈

step 3 개념 연결 문제 096~097쪽

1 (위에서부터) $\frac{2}{6}$, $\frac{3}{6}$

2 풀이 참조 **3** 풀이 참조

4 (1) > (2) < (3) < (4) >

step 4 도전 문제 097쪽

5 가을, $\frac{2}{15}$ L **6** 풀이 참조

2 (1) $\frac{3}{4}-\frac{2}{5}=\frac{3\times5}{4\times5}-\frac{2\times4}{5\times4}$
$=\frac{15}{20}-\frac{8}{20}=\frac{7}{20}$

(2) $\frac{7}{10}-\frac{1}{2}=\frac{7\times2}{10\times2}-\frac{1\times10}{2\times10}$
$=\frac{14}{20}-\frac{10}{20}=\frac{4}{20}\left(=\frac{1}{5}\right)$

3 (1) $\frac{7}{15}-\frac{2}{9}=\frac{7\times3}{15\times3}-\frac{2\times5}{9\times5}$
$=\frac{21}{45}-\frac{10}{45}=\frac{11}{45}$

(2) $\frac{19}{24}-\frac{5}{8}=\frac{19}{24}-\frac{5\times3}{8\times3}$
$=\frac{19}{24}-\frac{15}{24}$
$=\frac{4}{24}\left(=\frac{1}{6}\right)$

4 (1) $\frac{4}{9}-\frac{1}{4}=\frac{16}{36}-\frac{9}{36}=\frac{7}{36}$,
$\frac{11}{12}-\frac{5}{6}=\frac{11}{12}-\frac{10}{12}=\frac{1}{12}\left(=\frac{3}{36}\right)$

(2) $\frac{3}{5}-\frac{8}{15}=\frac{9}{15}-\frac{8}{15}=\frac{1}{15}\left(=\frac{2}{30}\right)$,
$\frac{7}{10}-\frac{1}{3}=\frac{21}{30}-\frac{10}{30}=\frac{11}{30}$

(3) $\frac{5}{6}-\frac{4}{9}=\frac{15}{18}-\frac{8}{18}=\frac{7}{18}$,

$\frac{7}{10}-\frac{1}{30}=\frac{21}{30}-\frac{1}{30}$

$=\frac{20}{30}\left(=\frac{2}{3}=\frac{12}{18}\right)$

(4) $\frac{11}{12}-\frac{4}{15}=\frac{55}{60}-\frac{16}{60}=\frac{39}{60}$,

$\frac{49}{60}-\frac{9}{20}=\frac{49}{60}-\frac{27}{60}=\frac{22}{60}$

5 두 분수를 통분하면 봄이가 마신 두유는 $\frac{3}{5}=\frac{9}{15}$ L, 가을이가 마신 두유는 $\frac{11}{15}$ L입니다.

$\frac{11}{15}-\frac{9}{15}=\frac{2}{15}$(L)

6 $\frac{8}{15}-\frac{4}{9}=\frac{24}{45}-\frac{20}{45}=\frac{4}{45}$

또는 $\frac{8}{15}-\frac{4}{9}=\frac{48}{90}-\frac{40}{90}$

$=\frac{8}{90}\left(=\frac{4}{45}\right)$

step 5 수학 문해력 기르기 099쪽

1 ①　　**2** ㉡, ㉢, ㉠

3 $\frac{1}{5}$　　**4** $\frac{1}{3}$

5 $\frac{2}{15}$

5 빼낸 물은 어항의 $\frac{1}{5}$이고 준비한 물은 어항의 $\frac{1}{3}$이므로 $\frac{1}{3}-\frac{1}{5}=\frac{5}{15}-\frac{3}{15}=\frac{2}{15}$입니다.

16 대분수의 뺄셈

step 3 개념 연결 문제 102~103쪽

1 풀이 참조　　**2** 풀이 참조

3 (1) < (2) <　　**4** ㉠, ㉢, ㉡

5 $1\frac{27}{28}$ kg

step 4 도전 문제 103쪽

6 (1) $4\frac{1}{10}$ (2) $3\frac{13}{33}$

7 $1\frac{9}{16}$

1 (1) $3\frac{4}{7}-2\frac{3}{14}=3\frac{8}{14}-2\frac{3}{14}$

$=(3-2)+\left(\frac{8}{14}-\frac{3}{14}\right)=1\frac{5}{14}$

(2) $3\frac{1}{6}-1\frac{2}{3}=3\frac{1}{6}-1\frac{4}{6}$

$=2\frac{7}{6}-1\frac{4}{6}=(2-1)+\left(\frac{7}{6}-\frac{4}{6}\right)$

$=1+\frac{3}{6}=1\frac{3}{6}\left(=1\frac{1}{2}\right)$

2 (1) $2\frac{3}{4}-1\frac{1}{3}=\frac{11}{4}-\frac{4}{3}$

$=\frac{33}{12}-\frac{16}{12}=\frac{17}{12}\left(=1\frac{5}{12}\right)$

(2) $4\frac{2}{7}-2\frac{3}{4}=\frac{30}{7}-\frac{11}{4}$

$=\frac{120}{28}-\frac{77}{28}=\frac{43}{28}\left(=1\frac{15}{28}\right)$

3 (1) $2\frac{3}{8}-1\frac{6}{7}=1\frac{11}{8}-1\frac{6}{7}$

$=(1-1)+\left(\frac{11}{8}-\frac{6}{7}\right)$

$=\frac{77}{56}-\frac{48}{56}=\frac{29}{56}$

이므로 1보다 작습니다.

(2) $5\frac{1}{3}-3\frac{4}{5}=4\frac{4}{3}-3\frac{4}{5}$

$=(4-3)+\left(\frac{20}{15}-\frac{12}{15}\right)$

$=1\frac{8}{15}$

이므로 $1\frac{1}{3}=1\frac{5}{15}$보다 큽니다.

4 ㉠ $3\frac{3}{5}-1\frac{1}{2}=3\frac{6}{10}-1\frac{5}{10}=2\frac{1}{10}$

㉡ $1\frac{3}{7}-\frac{1}{2}=1\frac{6}{14}-\frac{7}{14}$

$=\frac{20}{14}-\frac{7}{14}=\frac{13}{14}$

㉢ $2\frac{5}{6}-1\frac{1}{3}=2\frac{5}{6}-1\frac{2}{6}$

$=(2-1)+\left(\frac{5}{6}-\frac{2}{6}\right)$

$=1\frac{3}{6}$

5 봄이와 겨울이가 농장에서 딴 토마토가 $3\frac{2}{7}$ kg이고, 이 중에서 $1\frac{9}{28}$ kg을 봄이가 땄으므로 겨울이가 딴 토마토의 무게는

$3\frac{2}{7}-1\frac{9}{28}=3\frac{8}{28}-1\frac{9}{28}$

$=2\frac{36}{28}-1\frac{9}{28}$

$=(2-1)+\left(\frac{36}{28}-\frac{9}{28}\right)$

$=1\frac{27}{28}$(kg)입니다.

6 (1) $\square-2\frac{7}{10}=1\frac{2}{5}$이므로 $\square$는 $1\frac{2}{5}$보다 $2\frac{7}{10}$ 큰 수입니다.

$1\frac{2}{5}+2\frac{7}{10}=1\frac{4}{10}+2\frac{7}{10}$

$=(1+2)+\left(\frac{4}{10}+\frac{7}{10}\right)$

$=3\frac{11}{10}=4\frac{1}{10}$

(2) $4\frac{6}{11}-\square=1\frac{5}{33}$이므로 $\square$는 $4\frac{6}{11}$보다 $1\frac{5}{33}$ 작은 수입니다.

$4\frac{6}{11}-1\frac{5}{33}=4\frac{18}{33}-1\frac{5}{33}$

$=(4-1)+\left(\frac{18}{33}-\frac{5}{33}\right)$

$=3\frac{13}{33}$

7 어떤 수를 $\square$라고 하면 $\square-1\frac{2}{8}$ 할 것을 잘못하여 더했으므로

$4\frac{1}{16}-1\frac{2}{8}=4\frac{1}{16}-1\frac{4}{16}$

$=3\frac{17}{16}-1\frac{4}{16}=2\frac{13}{16}$

입니다.

어떤 수가 $2\frac{13}{16}$이므로 바르게 계산하면

$2\frac{13}{16}-1\frac{2}{8}=2\frac{13}{16}-1\frac{4}{16}=1\frac{9}{16}$입니다.

다른 풀이

$1\frac{2}{8}$를 빼야 할 것을 더했으므로 $1\frac{2}{8}$를 두 번 빼면 바르게 계산한 값이 나옵니다.

$4\frac{1}{16}-1\frac{2}{8}-1\frac{2}{8}=4\frac{1}{16}-1\frac{4}{16}-1\frac{4}{16}$

$=3\frac{17}{16}-1\frac{4}{16}-1\frac{4}{16}$

$=1\frac{9}{16}$

step 5 수학 문해력 기르기 105쪽

1 ④

2 ⑤

3 $\frac{1}{4}$ L

4 $\frac{4}{5}$ L

5 수조, $\frac{11}{20}$ L

3 비커에 남은 물은 $1\frac{3}{4}$ L이므로

$2-1\frac{3}{4}=1\frac{4}{4}-1\frac{3}{4}=\frac{1}{4}$(L)입니다.

4 수조에 남은 물은 $1\frac{1}{5}$ L이므로

$2-1\frac{1}{5}=1\frac{5}{5}-1\frac{1}{5}=\frac{4}{5}$(L)입니다.

5 (수조에서 증발된 물)−(비커에서 증발된 물)

$=\frac{4}{5}-\frac{1}{4}=\frac{16}{20}-\frac{5}{20}=\frac{11}{20}$(L)

17 다각형의 둘레

step 3 개념 연결 문제 108~109쪽

1 (1) 5, 3, 15 (2) 7, 4, 28
(3) 2, 6, 12 (4) 7, 8, 56

2 (1) 14 cm (2) 16 cm

3 (1) 12 cm (2) 24 cm

4 10 cm

step 4 도전 문제 109쪽

5 5　　6 40 cm

4 마름모는 네 변의 길이가 같습니다.
(마름모의 한 변의 길이)=(마름모의 둘레)÷4이므로 40÷4=10(cm)입니다.

5 평행사변형은 마주 보는 두 변의 길이가 같습니다.
(평행사변형의 둘레)=(한 변의 길이+다른 한 변의 길이)×2이므로, (한 변의 길이+다른 한 변의 길이)=13 cm입니다.
한 변의 길이가 8 cm이므로 다른 한 변의 길이는 5 cm입니다.

6 정십각형은 길이가 같은 변이 10개입니다.
따라서 (한 변의 길이)×10=(정십각형의 둘레)이므로 4×10=40(cm)입니다.

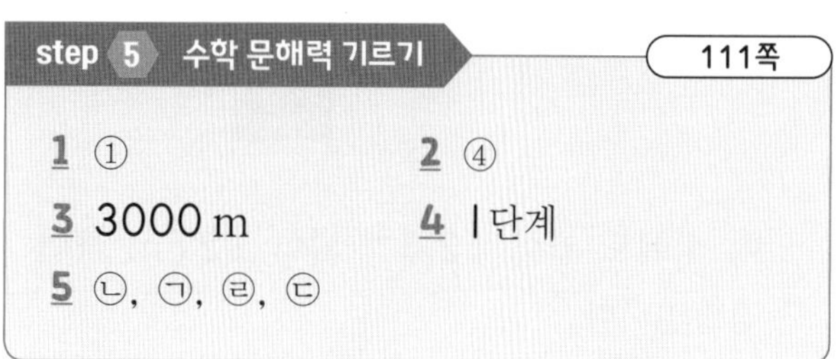
step 5 수학 문해력 기르기 111쪽

1 ①　　2 ④

3 3000 m　　4 1단계

5 ㉡, ㉠, ㉣, ㉢

3 가로가 500 m, 세로가 1000 m인 직사각형의 둘레를 구합니다.
(500+1000)×2=3000(m)

4 경희궁의 둘레는
(300+400)×2=1400(m),
덕수궁의 둘레는
(350+200)×2=1100(m)
이므로 경희궁과 덕수궁의 둘레를 걸은 거리는 1400+1100=2500(m)입니다.
2500 m는 2 km 500 m이므로 1 km 이상 3 km 미만인 1단계에 해당합니다.

5 ㉠ 경복궁은 3000 m, ㉡ 창경궁과 창덕궁은 4000 m, ㉢ 덕수궁은 1100 m, ㉣ 경희궁은 1400 m입니다.

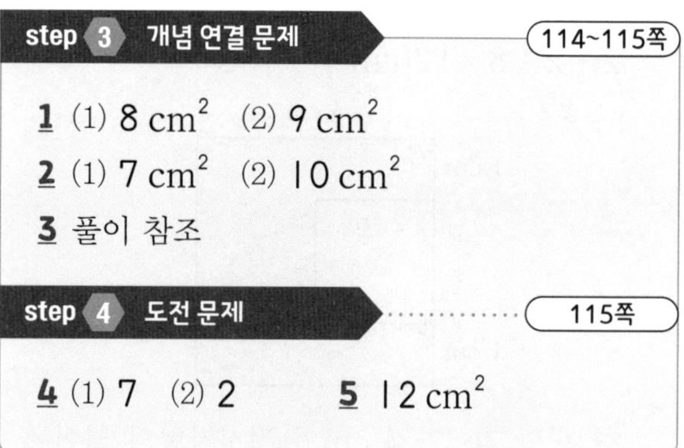
18 넓이의 단위와 직사각형의 넓이

step 3 개념 연결 문제 114~115쪽

1 (1) 8 cm^2 (2) 9 cm^2

2 (1) 7 cm^2 (2) 10 cm^2

3 풀이 참조

step 4 도전 문제 115쪽

4 (1) 7 (2) 2　　5 12 cm^2

3 예

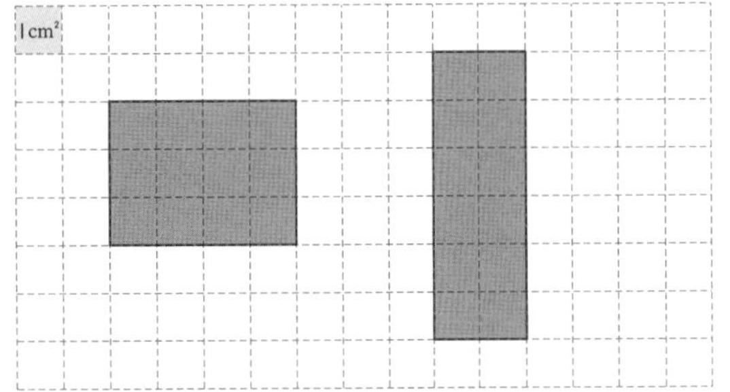

이 외에도 칸이 12개가 되어 12 cm^2라면 정답입니다.

4 (1) (직사각형의 넓이)=(가로)×(세로)이므로 15×(세로)=105(cm^2)입니다.
따라서 □ 안에 알맞은 수는 105÷15=7(cm)입니다.

(2) (정사각형의 넓이)=(한 변의 길이)×(한 변의 길이)이므로 (한 변의 길이)×(한 변의 길이)=4(cm^2)입니다. 같은 두 수를 곱해서 4가 되는 수는 2이므로 □ 안에 알맞은 수는 2입니다.

5 방법 1

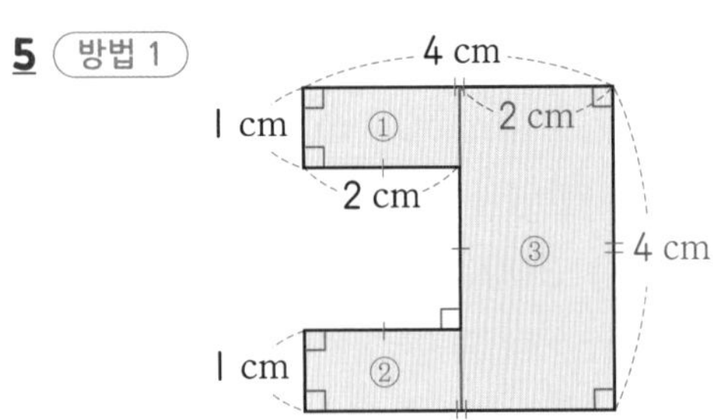

직사각형 ①, ②, ③의 넓이를 각각 구해 더합니다.

①: 2×1=2(cm^2)

②: 2×1=2(cm^2)

③: 2×4=8(cm^2)

2+2+8=12(cm^2)

방법 2

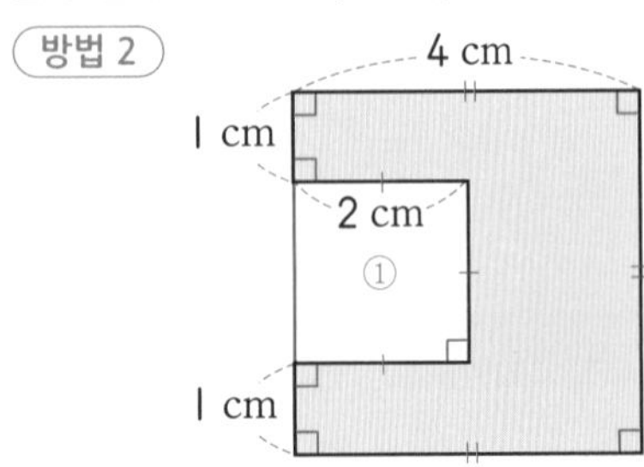

한 변의 길이가 4 cm인 정사각형의 넓이에서 ①의 넓이를 뺍니다.

전체: 4×4=16(cm^2)

①: 2×2=4(cm^2)

16−4=12(cm^2)

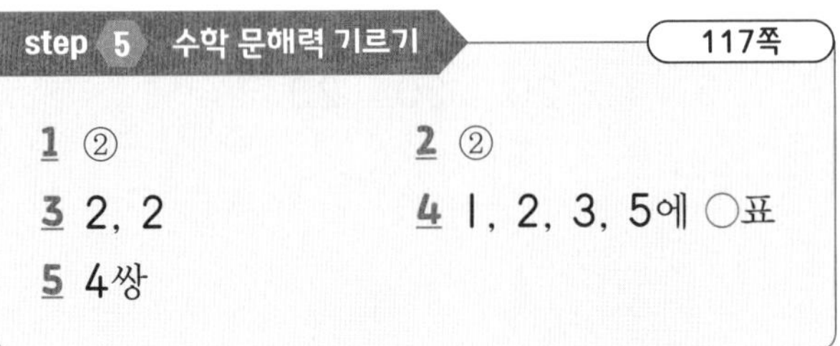

step 5 수학 문해력 기르기 117쪽

1 ② **2** ②
3 2, 2 **4** 1, 2, 3, 5에 ○표
5 4쌍

4 직사각형의 넓이=(가로)×(세로)이므로 약수가 1과 자기 자신밖에 없는 수를 구합니다.

5 가로와 세로가 (1칸, 6칸), (2칸, 3칸), (3칸, 2칸), (6칸, 1칸)인 직사각형이 있습니다.

19 1 m^2와 1 km^2 단위

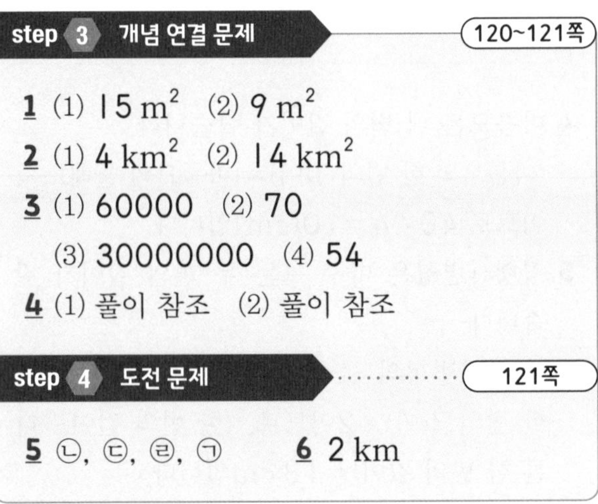

step 3 개념 연결 문제 120~121쪽

1 (1) 15 m^2 (2) 9 m^2
2 (1) 4 km^2 (2) 14 km^2
3 (1) 60000 (2) 70
(3) 30000000 (4) 54
4 (1) 풀이 참조 (2) 풀이 참조

step 4 도전 문제 121쪽

5 ㉡, ㉢, ㉣, ㉠ **6** 2 km

3 1 m^2=10000 cm^2, 1 km^2=1000000 m^2입니다.

4 (1) 예

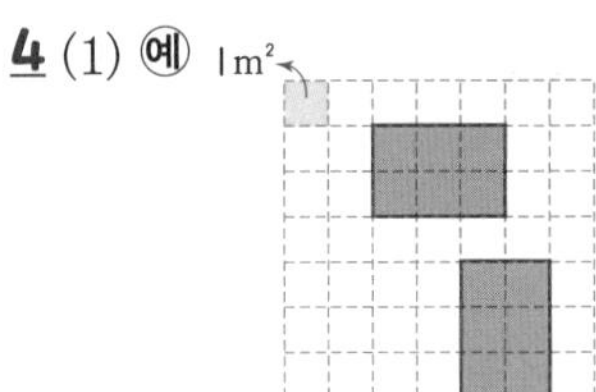

(2) 예

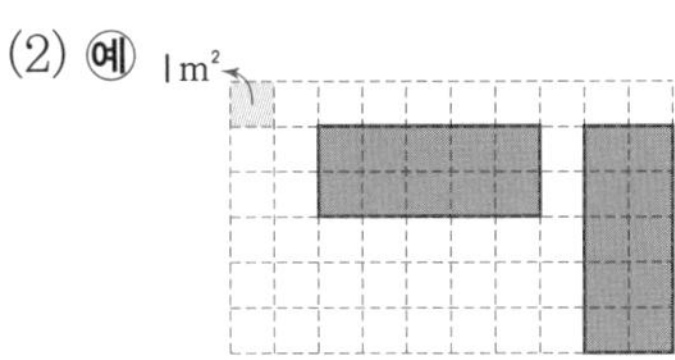

5 ㉠은 $50000000 cm^2 = 5000 m^2$이므로 가장 좁습니다.
㉡은 $46000000 m^2 = 46 km^2$이므로 가장 넓습니다. ㉣은 $8000000 m^2 = 8 km^2$입니다.

6 직사각형의 가로의 길이는 4 km입니다.
(직사각형의 넓이)=(가로의 길이)×(세로의 길이)이므로 8=4×(세로의 길이)입니다.

step 5 수학 문해력 기르기 123쪽

1 ④ **2** $420 m^2$
3 $4366260 cm^2$ **4** $166260 cm^2$

2 FIBA의 농구장 규격은 가로 28 m, 세로 15 m이므로 넓이는 $28 \times 15 = 420(m^2)$입니다.

3 NBA의 농구장 규격은 가로 2865 cm, 세로 1524 cm이므로 넓이는
$2865 \times 1524 = 4366260(cm^2)$입니다.

4 $4366260 - 4200000 = 166260(cm^2)$입니다.

20 평행사변형의 넓이

step 3 개념 연결 문제 126~127쪽

1 풀이 참조
2 (1) 풀이 참조; $4 cm^2$
(2) 풀이 참조; $15 cm^2$
3 (1) $24 cm^2$ (2) $9 cm^2$
(3) $28 cm^2$ (4) $16 cm^2$

step 4 도전 문제 127쪽

4 11 cm **5** 풀이 참조

1 (1) 예

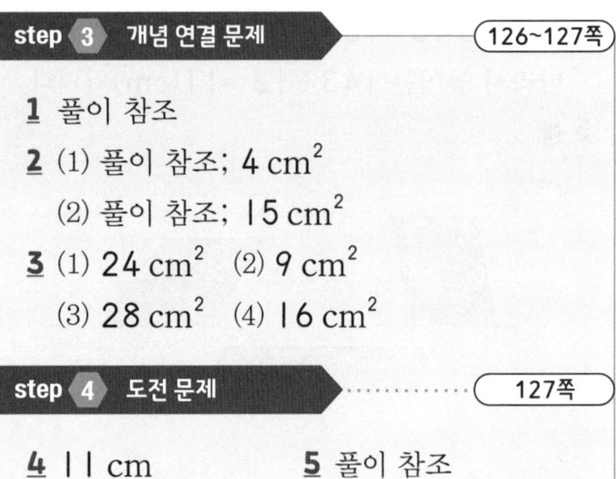

(2) 예

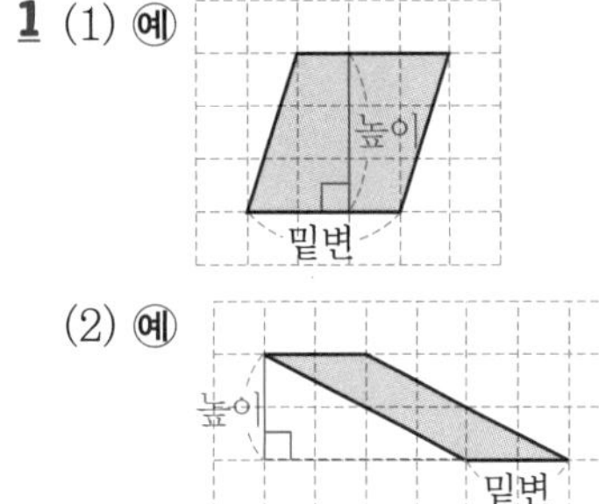

2 (1) 예

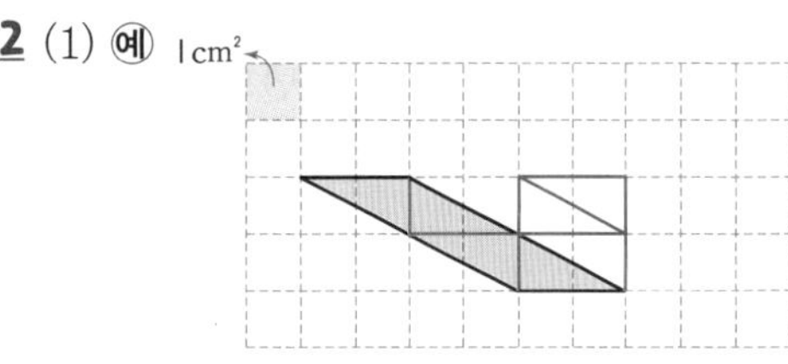

(2) 예

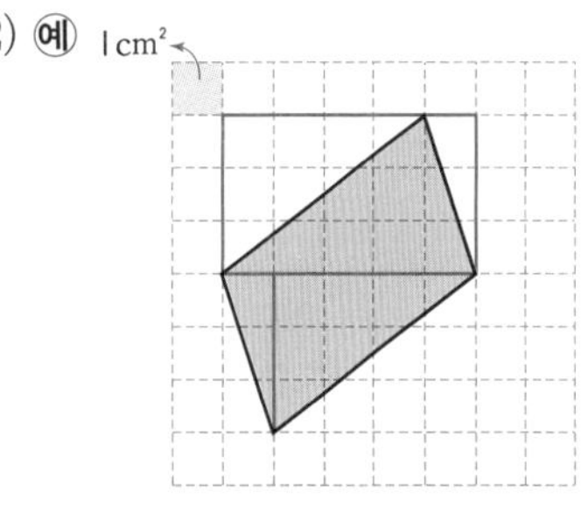

3 (1) 평행사변형의 높이는 4 cm, 밑변의 길이는 6 cm이므로 $6 \times 4 = 24(cm^2)$입니다.
(2) 평행사변형의 높이는 3 cm, 밑변의 길이는 3 cm이므로 $3 \times 3 = 9(cm^2)$입니다.
(3) 평행사변형의 높이는 4 cm, 밑변의 길이는 7 cm이므로 $7 \times 4 = 28(cm^2)$입니다.
(4) 평행사변형의 높이는 2 cm, 밑변의 길이

는 8 cm이므로 $8\times2=16(\text{cm}^2)$입니다.

4 (평행사변형의 넓이)=(밑변의 길이)×(높이)이므로 $143=13\times$(높이)입니다.
따라서 높이는 $143\div13=11(\text{cm})$입니다.

5 예

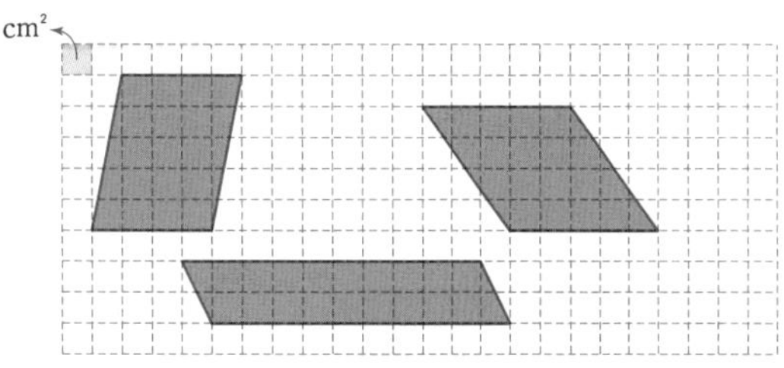

step 5 수학 문해력 기르기 129쪽

1 ③ 2 ③
3 ㉢, ㉡, ㉠ 4 1250 m²

3 ㉡의 땅의 넓이는 ㉠과 밑변은 같으나 높이가 더 높으므로 ㉠보다 넓습니다. ㉢의 땅의 넓이는 한 변이 ㉡과 같고 밑변의 길이가 같은 평행사변형으로 만들어도 높이가 더 높고, 땅이 삼각형 모양으로 더 있으므로 ㉢이 가장 넓습니다.

4 ㉠의 땅의 넓이는 $50\times25=1250(\text{m}^2)$입니다.

21 삼각형의 넓이

step 3 개념 연결 문제 132~133쪽

1 풀이 참조
2 (1) 7, 6 (2) 4, 10
3 (1) 14 cm² (2) 24 cm²
4 (1) 5 (2) 8

step 4 도전 문제 133쪽

5 나
6 풀이 참조; 6 cm²

1

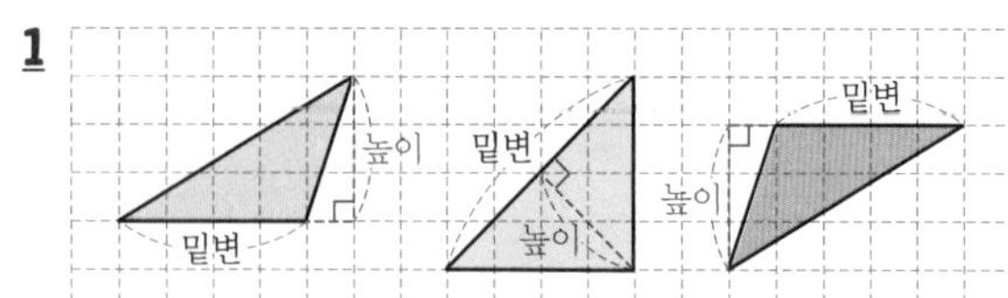

5 삼각형 가는 밑변 3 cm, 높이 4 cm입니다.
삼각형 나는 밑변 2 cm, 높이 4 cm입니다.
삼각형 다는 밑변 3 cm, 높이 4 cm입니다.
삼각형 라는 밑변 3 cm, 높이 4 cm입니다.
삼각형 마는 밑변 2 cm, 높이 6 cm입니다.
넓이가 다른 삼각형은 삼각형 나입니다.

6 삼각형의 높이는 3 cm, 밑변은 4 cm입니다.

예

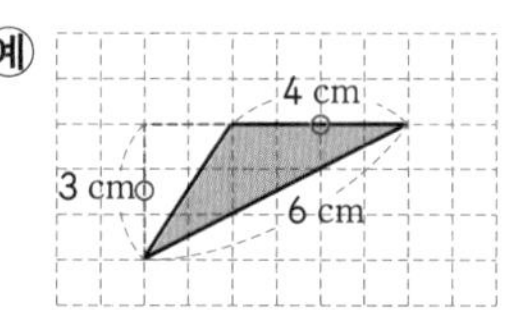

$4\times3\div2=6(\text{cm}^2)$

step 5 수학 문해력 기르기 135쪽

1 ⑤ 2 ③, ④
3 나 4 ⑤
5 6 m², 6 m², 6 m²

5 지붕 가는 밑변의 길이 6 m, 높이 2 m이므로 넓이는 6 m²입니다.
지붕 나는 밑변의 길이 4 m, 높이 3 m이므로 넓이 6 m²입니다.
지붕 다는 밑변의 길이 2 m, 높이 6 m이므로 넓이는 6 m²입니다.

22 마름모의 넓이

step 3 개념 연결 문제 138~139쪽

1 (1) 풀이 참조; $12\ cm^2$
(2) 풀이 참조; $6\ cm^2$

2 (1) 풀이 참조; $16\ cm^2$
(2) 풀이 참조; $8\ cm^2$

3 (1) 풀이 참조; $4\ cm^2$
(2) 풀이 참조; $12\ cm^2$

step 4 도전 문제 139쪽

4 다　　**5** 8 cm

1 (1)
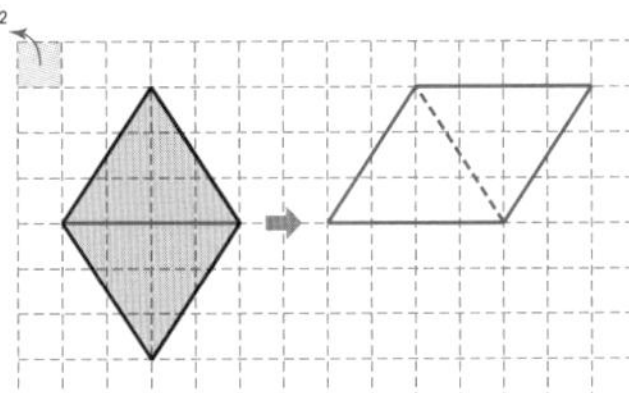

(2)
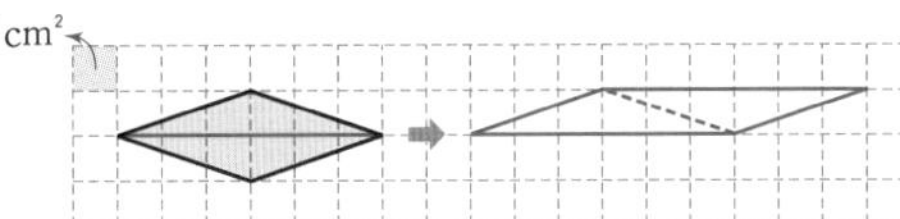

2 (1)
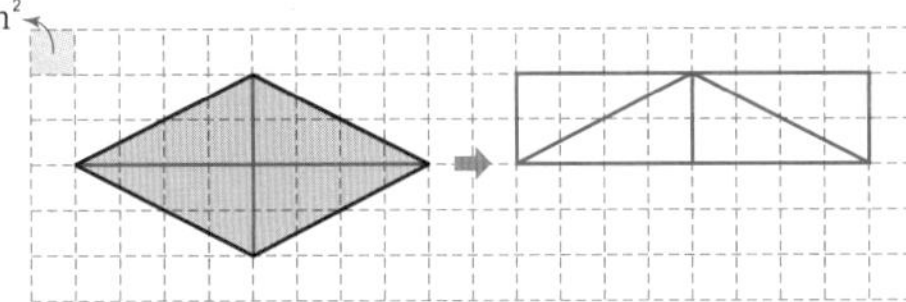

(2)
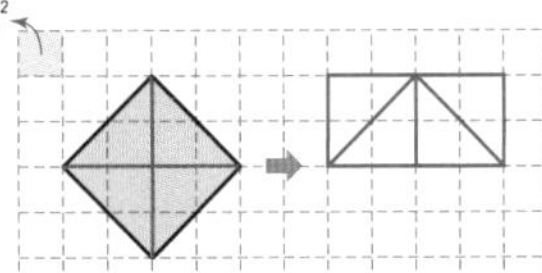

3 (1)
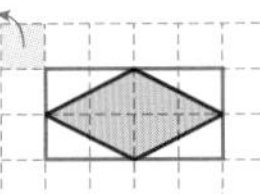

(2)
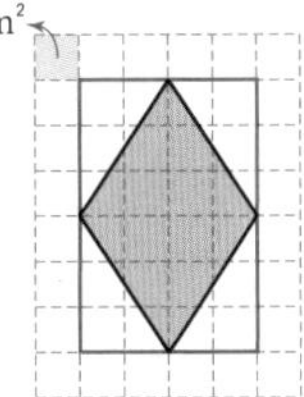

4 마름모 가는 $3 \times 8 \div 2 = 12(cm^2)$,
마름모 나는 $6 \times 4 \div 2 = 12(cm^2)$,
마름모 다는 $4 \times 10 \div 2 = 20(cm^2)$,
마름모 라는 $2 \times 12 \div 2 = 12(cm^2)$입니다.

5 (마름모의 넓이)=(한 대각선의 길이)×(다른 대각선의 길이)÷2입니다.
40=10×(다른 대각선의 길이)÷2이므로
10×(다른 대각선의 길이)÷2=40,
10×(다른 대각선의 길이)=80,
(다른 대각선의 길이)=8(cm)입니다.

step 5 수학 문해력 기르기 141쪽

1 ⑤　　**2** ㉡, ㉠, ㉢
3 3개　　**4** $6\ cm^2$
5 풀이 참조

3
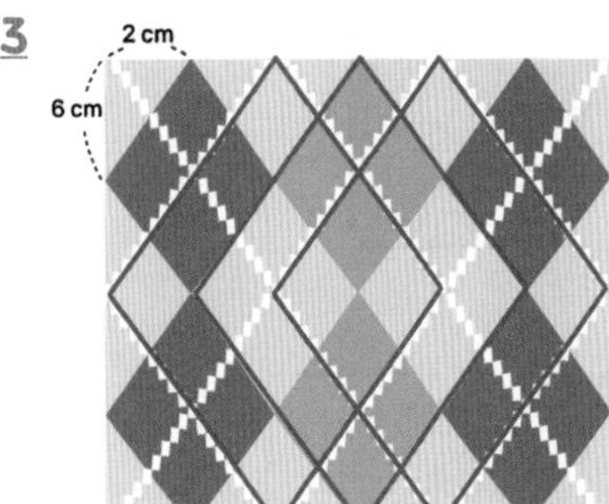

4 한 대각선의 길이가 2 cm, 다른 대각선의 길이가 6 cm이므로 $2 \times 6 \div 2 = 6(cm^2)$입니다.

5 예
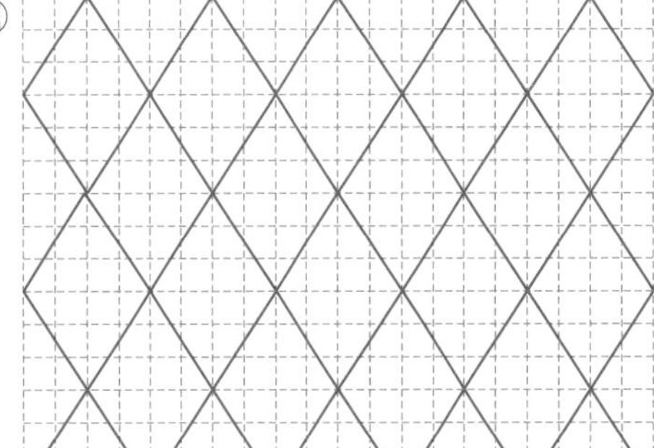

step 3 개념 연결 문제 144~145쪽

1 (1) 풀이 참조; $10\ cm^2$, $4\ cm^2$, $14\ cm^2$
(2) 풀이 참조; $8\ cm^2$, $10\ cm^2$, $18\ cm^2$
2 풀이 참조; $30\ cm^2$, $15\ cm^2$
3 풀이 참조; $16\ cm^2$
4 (1) $18\ cm^2$ (2) $15\ cm^2$

step 4 도전 문제 145쪽

5 마
6 5 cm

1 (1) 예

(2) 예

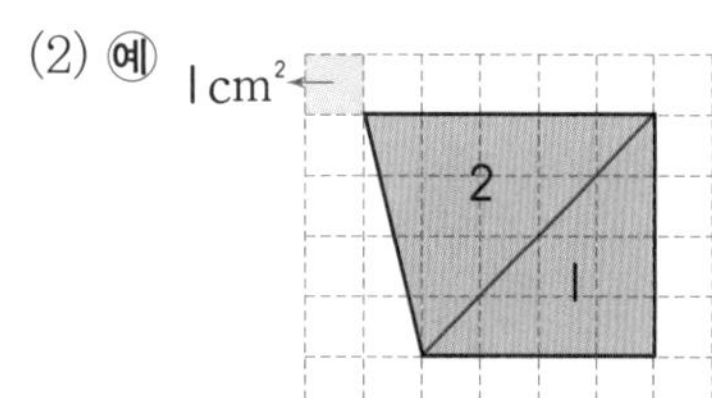

2 예

3 예

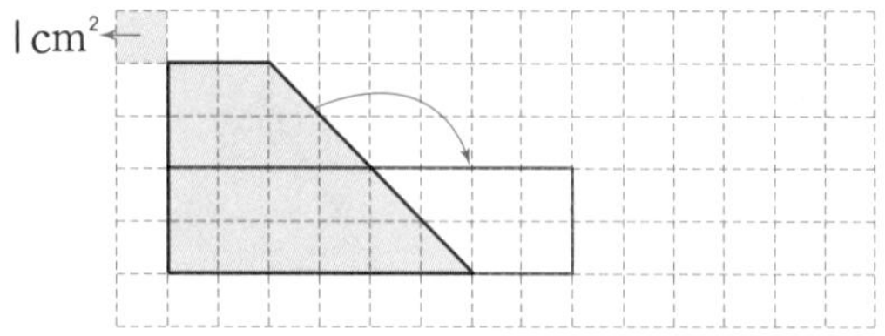

5 사다리꼴의 높이는 4 cm로 모두 같습니다. 윗변과 아랫변의 길이의 합이 가, 나, 다, 라는 5 cm이지만 마는 4 cm입니다.

6 사다리꼴의 넓이는
(윗변＋아랫변)×(높이)÷2입니다.
8×(높이)÷2＝20이므로
8×(높이)＝40, (높이)＝5(cm)입니다.

step 5 수학 문해력 기르기 147쪽

1 ⑤
2 풀이 참조
3 $1350\ cm^2$
4 $68\ cm^2$

2

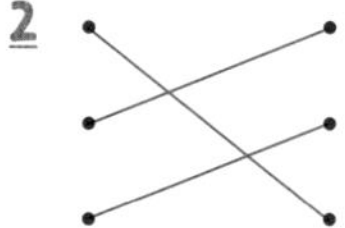

3 윗변이 10 cm, 아랫변이 50 cm, 높이가 45 cm인 사다리꼴의 넓이를 구합니다.
$(10+50)\times45\div2=1350(cm^2)$

4 그림에 그려진 모양은 사다리꼴입니다. 윗변이 7 cm, 아랫변이 10 cm, 높이가 4 cm인 사다리꼴 2개의 넓이를 구합니다.
$(7+10)\times4\div2=17\times4\div2$
$=34(cm^2)$
넓이가 같은 사다리꼴 2개의 넓이는
$34\times2=68(cm^2)$입니다.

어떤 문제도 해결하는
사고력 수학 문제집

박학다식 문해력 수학

초등 5년

1단계

01 자연수의 혼합 계산

덧셈, 뺄셈, 곱셈, 나눗셈이 섞여 있는 식의 계산

질문 ❶ 21－16＋5를 계산하고 그 방법을 순서대로 설명해 보세요.

질문 ❷ 12＋8×5÷4－7을 계산하고 그 방법을 순서대로 설명해 보세요.

02 자연수의 혼합 계산

괄호가 있는 자연수의 혼합 계산

질문 ❶ $31-(12+8)$을 계산하고 그 계산 순서를 설명해 보세요.

질문 ❷ $96\div3-(2+5)\times4$를 계산하고 그 계산 순서를 설명해 보세요.

03 약수

약수와 배수

질문 ❶ 12장의 카드를 친구들에게 남김없이 똑같이 나누어 주려고 합니다. 몇 명에게 똑같이 나누어 줄 수 있는지 모두 찾아 설명해 보세요.

질문 ❷ 나눗셈식을 이용하여 18의 약수를 모두 구해 보세요.

04 약수와 배수

배수

질문 ❶ 수 배열표에서 6의 배수를 모두 찾아 색칠해 보세요.

1	2	3	4	5	6	7	8	9	10
11	12	13	14	15	16	17	18	19	20
21	22	23	24	25	26	27	28	29	30
31	32	33	34	35	36	37	38	39	40

질문 ❷ 15를 두 수의 곱으로 나타내어 약수와 배수의 관계를 설명해 보세요.

05 공약수와 최대공약수

약수와 배수

질문 ❶ 20과 30의 약수를 모두 쓰고 20과 30의 공약수와 최대공약수를 구해 보세요.

20의 약수	
30의 약수	

질문 ❷ 나눗셈을 이용하여 12와 18의 최대공약수를 구해 보세요.

06 약수와 배수

공배수와 최소공배수

질문 ❶ 4와 5의 공배수를 쓰고, 최소공배수를 구해 보세요.

질문 ❷ 나눗셈을 이용하여 12와 20의 최소공배수를 구해 보세요.

07 두 양 사이의 관계

규칙과 대응

질문 ❶ 그림을 보고 서로 대응하는 두 양을 찾아 그 관계를 설명해 보세요.

질문 ❷ 사각판과 바퀴를 이용하여 자동차를 만들고 있습니다. 사각판과 바퀴의 수 사이의 대응 관계를 설명해 보세요.

08 대응 관계를 식으로 나타내기

규칙과 대응

질문 ❶ 날개가 4개인 드론을 만들 때 드론의 수와 날개의 수 사이의 대응 관계를 식으로 나타내어 보세요.

질문 ❷ 드론의 수를 △, 날개의 수를 ☆이라고 할 때, 두 양 사이의 대응 관계를 식으로 나타내어 보세요.

09 크기가 같은 분수

약분과 통분

질문 ❶ 직사각형 모양에 $\frac{1}{3}$과 $\frac{2}{6}$만큼 색칠하여 두 분수의 크기를 비교해 보세요.

$\frac{1}{3}$ $\frac{2}{6}$

질문 ❷ 수직선에 두 분수 $\frac{1}{4}$, $\frac{3}{12}$을 나타내고 두 분수의 크기를 비교해 보세요.

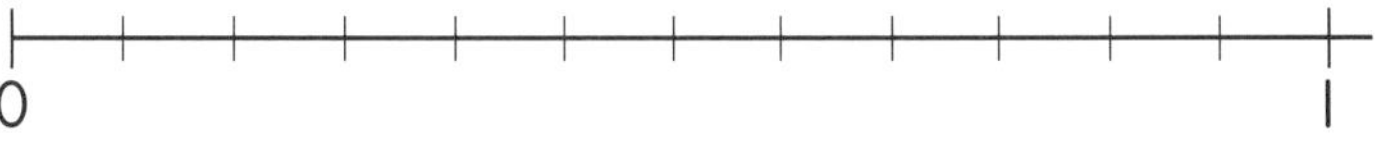

10 약분

약분과 통분

질문 ❶ $\frac{8}{24}$을 약분하여 크기가 같은 분수 3개를 만들어 보세요.

질문 ❷ $\frac{18}{24}$을 기약분수로 만들어 보세요.

11 통분과 분수의 크기 비교

약분과 통분

질문 ❶ $\frac{5}{8}$와 $\frac{7}{10}$을 두 가지 방법으로 통분해 보세요.

(1) 두 분모의 곱을 공통분모로 하는 방법

(2) 두 분모의 최소공배수를 공통분모로 하는 방법

질문 ❷ 통분을 이용하여 두 분수 $\frac{5}{9}$와 $\frac{7}{12}$의 크기를 비교해 보세요.

12 분수와 소수의 크기 비교

약분과 통분

질문 ❶ 분수를 소수로 나타내어 보세요.

(1) $\frac{2}{5}$　　(2) $\frac{2}{25}$

질문 ❷ $\frac{2}{5}$와 0.5의 크기를 두 가지 방법으로 비교해 보세요.

(1) 분수를 소수로 나타내어 크기를 비교하는 방법

(2) 소수를 분수로 나타내어 크기를 비교하는 방법

진분수의 덧셈

질문 ❶ $\frac{1}{6}+\frac{3}{8}$을 분모의 곱을 공통분모로 통분하여 계산해 보세요.

질문 ❷ $\frac{3}{4}+\frac{7}{10}$을 분모의 최소공배수를 공통분모로 통분하여 계산해 보세요.

14 대분수의 덧셈

분수의 덧셈과 뺄셈

질문 ❶ $2\frac{3}{4}+3\frac{5}{6}$를 자연수는 자연수끼리, 분수는 분수끼리 더해서 계산해 보세요.

질문 ❷ $2\frac{3}{4}+3\frac{5}{6}$를 대분수를 가분수로 고쳐서 계산해 보세요.

진분수의 뺄셈

질문 ① $\frac{3}{4}-\frac{1}{6}$을 분모의 곱을 공통분모로 통분하여 계산해 보세요.

질문 ② $\frac{3}{4}-\frac{1}{6}$을 분모의 최소공배수를 공통분모로 통분하여 계산해 보세요.

대분수의 뺄셈

질문 ① $5\frac{1}{3}-3\frac{1}{2}$을 자연수는 자연수끼리, 분수는 분수끼리 빼서 계산해 보세요.

질문 ② $5\frac{1}{3}-3\frac{1}{2}$을 대분수를 가분수로 고쳐서 계산해 보세요.

17 다각형의 둘레

다각형의 둘레와 넓이

질문 ❶ 한 변의 길이가 3 cm인 정삼각형, 정사각형, 정오각형의 둘레를 구해 보세요.

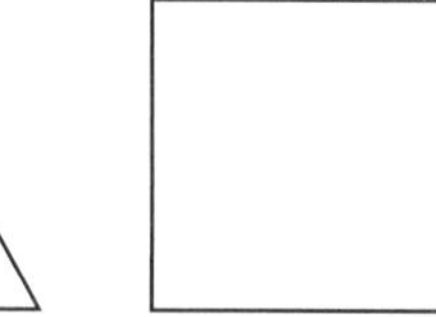

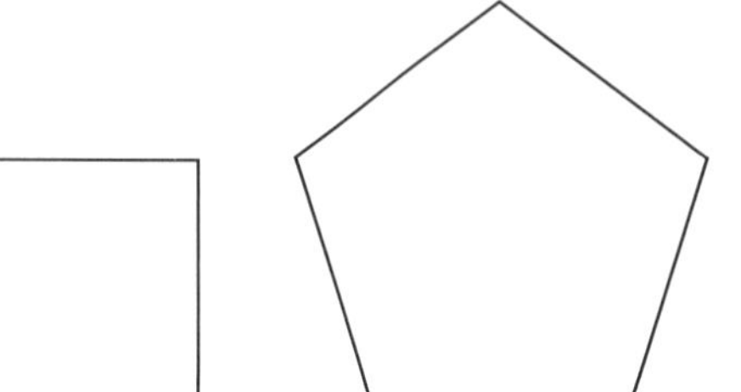

질문 ❷ 평행사변형의 둘레를 구하는 방법을 설명해 보세요.

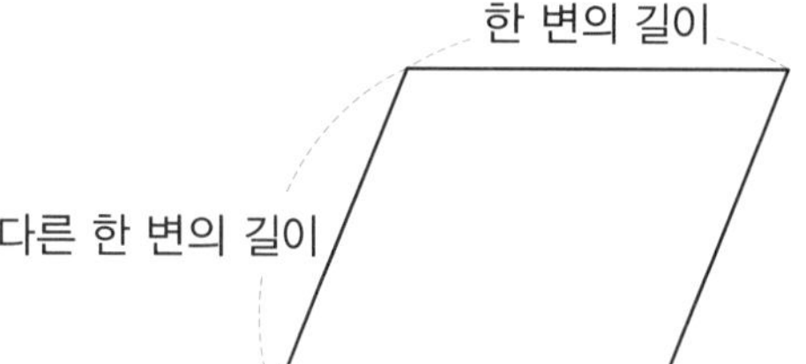

넓이의 단위와 직사각형의 넓이

질문 ❶ 직사각형의 넓이를 구해 보세요.

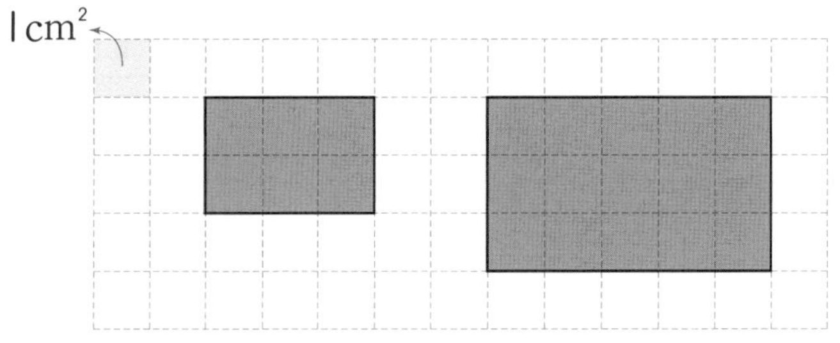

질문 ❷ 정사각형의 넓이를 구해 보세요.

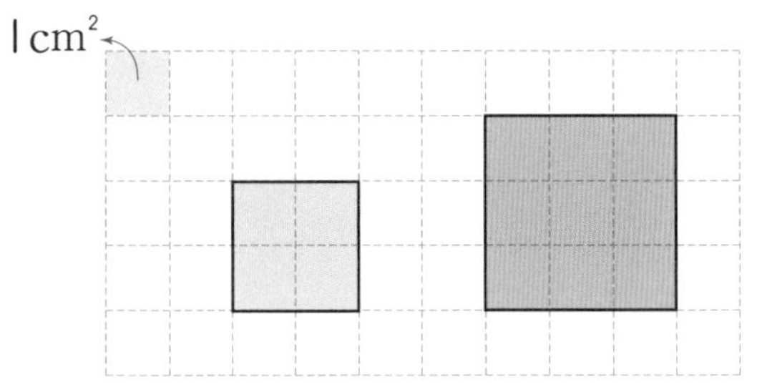

19 다각형의 둘레와 넓이

$1\ m^2$와 $1\ km^2$ 단위

질문 ❶ 그림을 이용하여 $1\ m^2$는 몇 cm^2인지 구해 보세요.

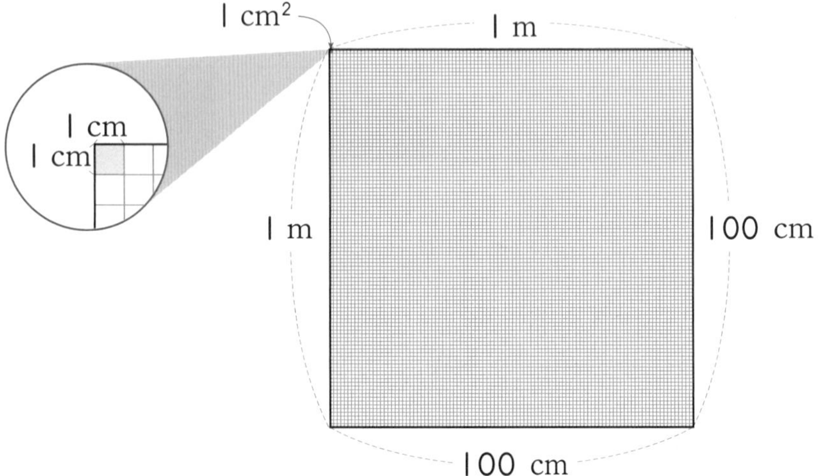

질문 ❷ 그림을 이용하여 $1\ km^2$는 몇 m^2인지 구해 보세요.

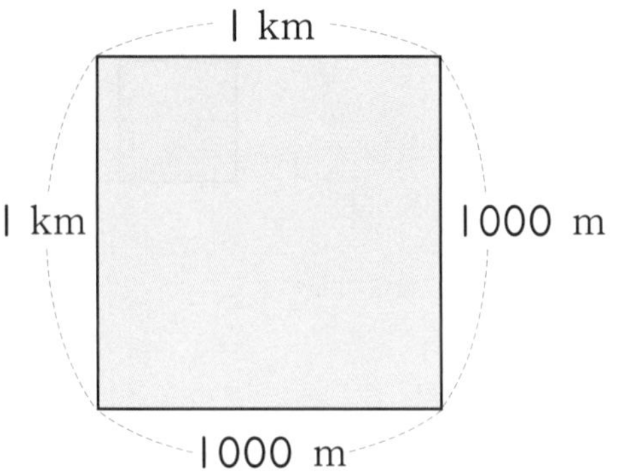

20
다각형의 둘레와 넓이

평행사변형의 넓이

질문 ❶ (직사각형의 넓이)=(가로)×(세로)임을 이용하여
(평행사변형의 넓이)=(밑변의 길이)×(높이)가 되는 과정을 설명해 보세요.

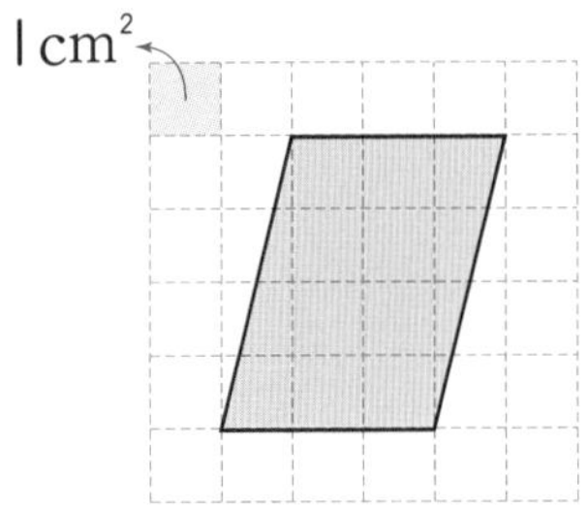

질문 ❷ 평행사변형의 넓이를 비교해 보세요.

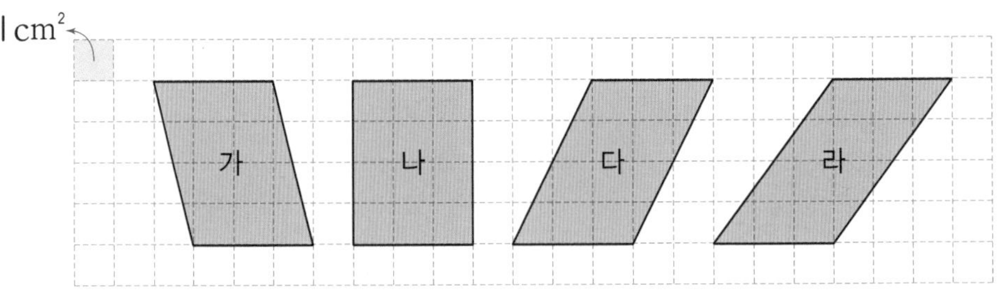

21 다각형의 둘레와 넓이

삼각형의 넓이

질문 ❶ 삼각형 2개를 붙여 평행사변형을 만들어
(삼각형의 넓이)=(밑변의 길이)×(높이)÷2가 되는 과정을 설명해 보세요.

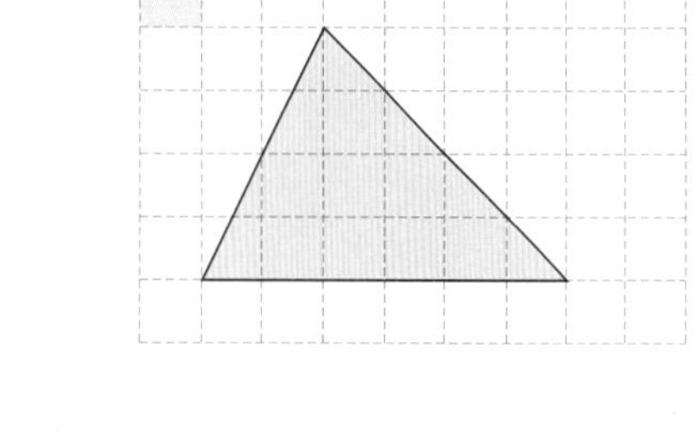

질문 ❷ 삼각형의 넓이를 비교해 보세요.

1 cm²

가 나 다 라

22 마름모의 넓이

질문 ❶ 마름모를 둘러싸는 직사각형을 그려서
(마름모의 넓이)=(한 대각선의 길이)×(다른 대각선의 길이)÷2가 되는 과정을 설명해 보세요.

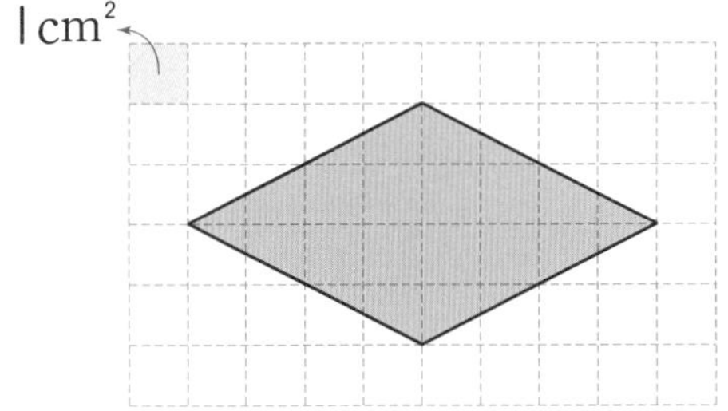

질문 ❷ 마름모를 반으로 자르면 만들어지는 두 삼각형을 이용하여 마름모의 넓이를 구하는 방법을 설명해 보세요.

23 다각형의 둘레와 넓이

사다리꼴의 넓이

질문 ① 사다리꼴 2개를 붙여서 평행사변형을 만들어
(사다리꼴의 넓이)=(윗변의 길이+아랫변의 길이)×(높이)÷2가 되는 과정을 설명해 보세요.

질문 ② 사다리꼴에 대각선을 그었을 때 넓이를 구하는 방법을 설명해 보세요.

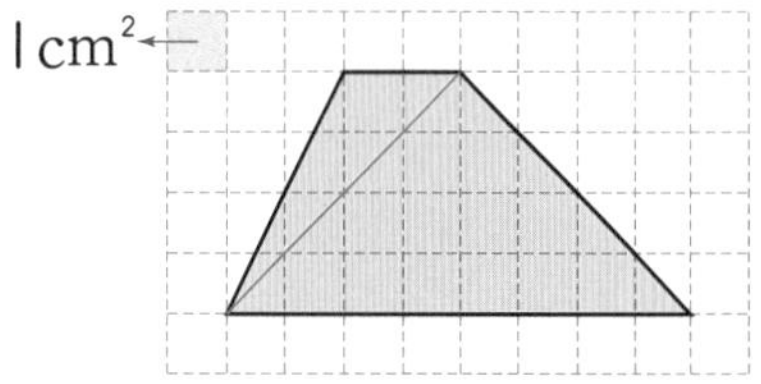

어떤 문제도 해결하는
사고력 수학 문제집

박학다식 문해력 수학

초등 5년

2단계

질문 ❶ 주어진 수 중에서 70 이상인 수에 ○표, 40 이하인 수에 △표 해 보세요.

27 36 91 55 84 70 39 41 10 66 75 40 31

질문 ❷ 수의 범위를 수직선에 나타내어 보세요.

(1) 70 이상인 수

(2) 10 이하인 수

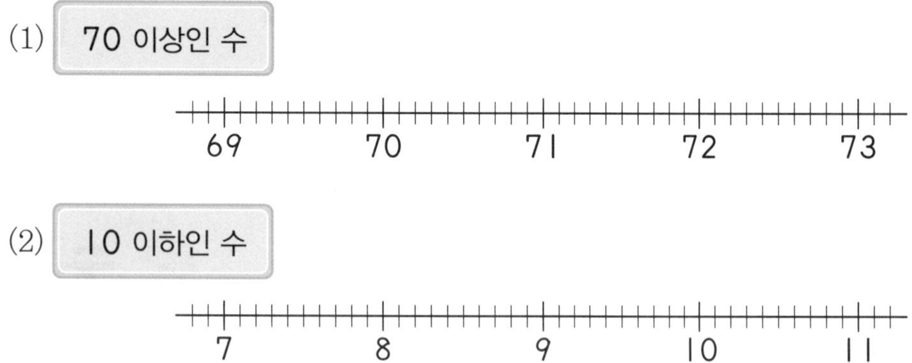

초과와 미만, 수의 범위의 활용

질문 ❶ 주어진 수 중에서 70 초과인 수에 ○표, 40 미만인 수에 △표 해 보세요.

27 36 91 55 84 70 38 41 10 66 75 40 31

질문 ❷ 수의 범위를 수직선에 나타내어 보세요.

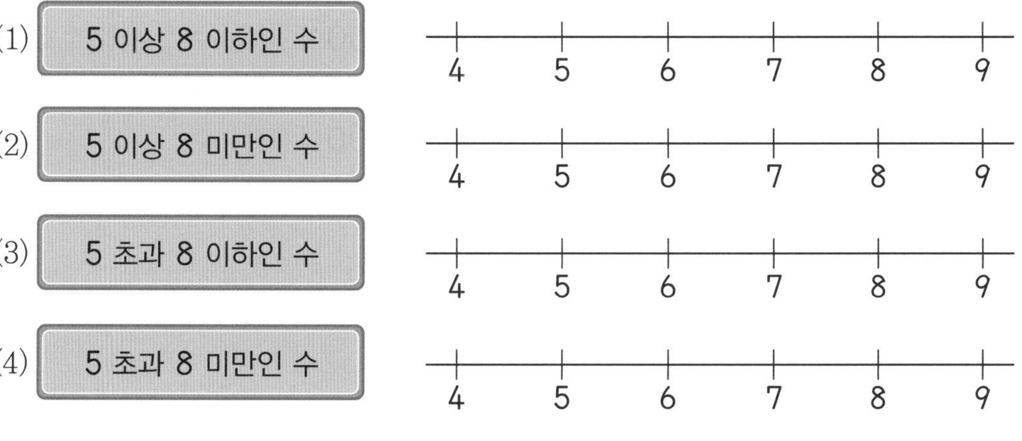

올림과 버림

질문 ❶ 소수 5.236을 어림하여 다음과 같이 나타내어 보세요.

(1) 올림하여 소수 첫째 자리까지

(2) 올림하여 소수 둘째 자리까지

(3) 버림하여 소수 첫째 자리까지

(4) 버림하여 소수 둘째 자리까지

질문 ❷ 주어진 수 중 다음과 같은 수를 모두 찾아 써 보세요.

3725 3699 3842 3701 3604 3800 3560 3650 3750

(1) 올림하여 백의 자리까지 나타내면 3700이 되는 수

(2) 올림하여 십의 자리까지 나타내면 3700이 되는 수

(3) 버림하여 백의 자리까지 나타내면 3700이 되는 수

(4) 버림하여 십의 자리까지 나타내면 3700이 되는 수

반올림과 어림하기의 활용

질문 ❶ 소수 13.537을 반올림하여 다음과 같이 나타내어 보세요.

(1) 반올림하여 십의 자리까지

(2) 반올림하여 일의 자리까지

(3) 반올림하여 소수 첫째 자리까지

(4) 반올림하여 소수 둘째 자리까지

질문 ❷ 반올림하여 천의 자리까지 나타내면 5000이 되는 수를 모두 찾아 ○표 해 보세요.

4584 5675 5216 5342 4499 4500 5500 5499 5999

05

분수의 곱셈

(진분수)×(자연수)

질문 ❶ $\frac{3}{5}\times 4$를 자연수의 곱셈의 원리를 이용하여 계산해 보세요.

질문 ❷ $\frac{3}{4}\times 6$을 수직선을 이용하여 계산해 보세요.

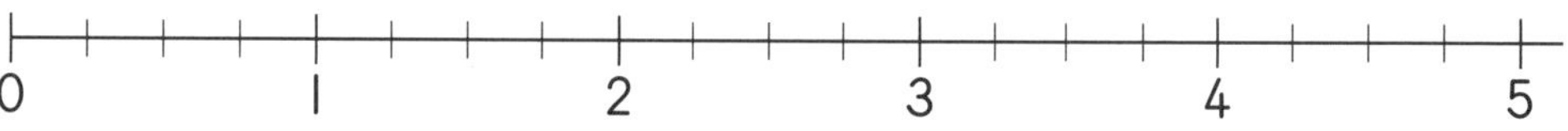

(대분수)×(자연수)

질문 ❶ $1\frac{3}{4} \times 3$을 대분수를 가분수로 바꾸어 계산해 보세요.

질문 ❷ $1\frac{3}{4} \times 3$을 수직선을 이용하여 계산해 보세요.

07 분수의 곱셈

(자연수)×(분수)

질문 ❶ 끈의 길이가 6 m일 때, 6 m의 $\frac{2}{3}$를 그려서 $6\times\frac{2}{3}$를 계산해 보세요.

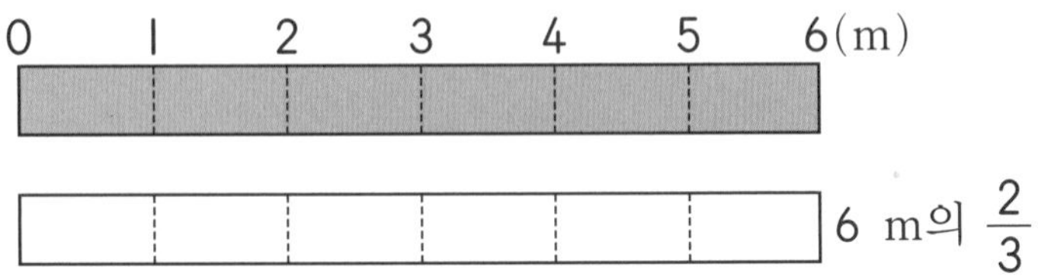

질문 ❷ 대분수를 가분수로 바꾸어 $2\times1\frac{1}{3}$을 계산해 보세요.

08 분수의 곱셈

여러 가지 분수의 곱셈

질문 ❶ $\frac{3}{4}\times\frac{2}{5}$에 알맞게 색칠하고 계산해 보세요.

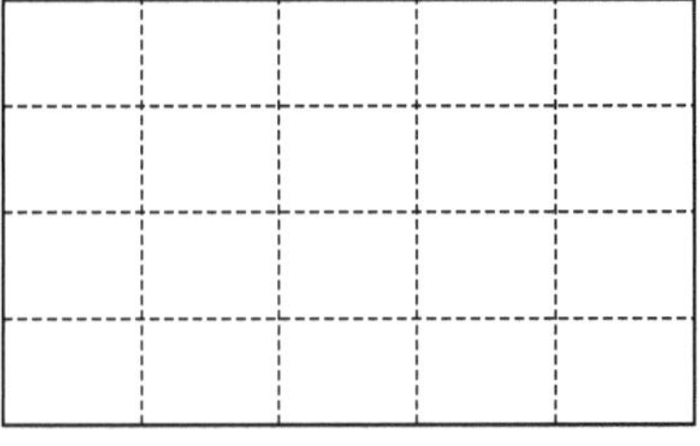

질문 ❷ $2\frac{2}{3}\times1\frac{3}{4}$을 계산해 보세요.

09 도형의 합동

합동과 대칭

질문 ❶ 직사각형을 잘라서 만들어 보세요.

(1) 서로 합동인 사각형 2개

(2) 서로 합동인 삼각형 4개

질문 ❷ 서로 합동인 도형을 찾아 같은 색으로 칠해 보세요.

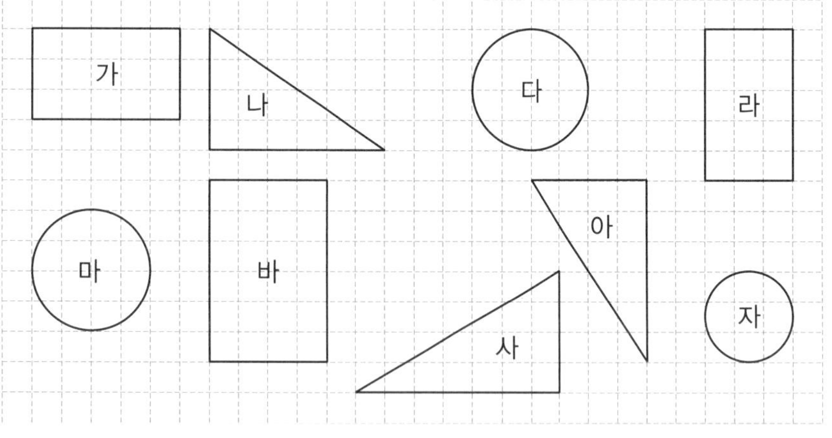

10 합동인 도형의 성질

합동과 대칭

질문 ❶ 서로 합동인 두 도형에서 대응변의 길이와 대응각의 크기를 비교해 보고 알게 된 성질을 설명해 보세요.

질문 ❷ 두 사각형은 서로 합동일 때, 다음을 구해 보세요.

15 cm ㄱ ㄴ ㄷ ㄹ 45°

ㅁ ㅂ ㅅ ㅇ 8 cm 110°

(1) 변 ㄱㄴ의 길이

(2) 각 ㅇㅁㅂ의 크기

질문 ❶ 선대칭도형을 찾아 대칭축을 그리고 대칭축이 두 개 이상인 도형을 모두 찾아보세요.

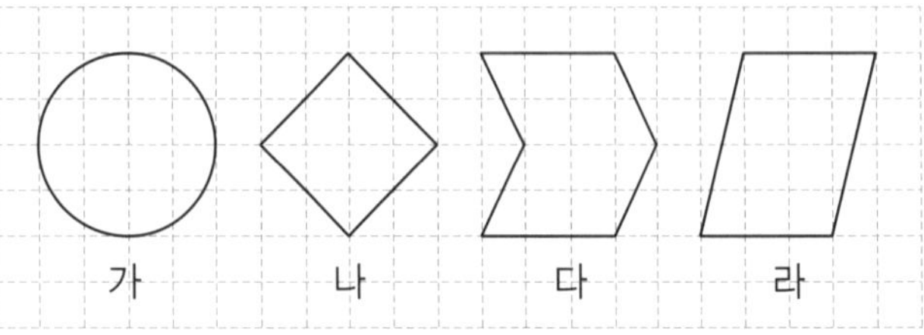

질문 ❷ 선대칭도형을 보고 선대칭도형의 성질을 설명해 보세요.

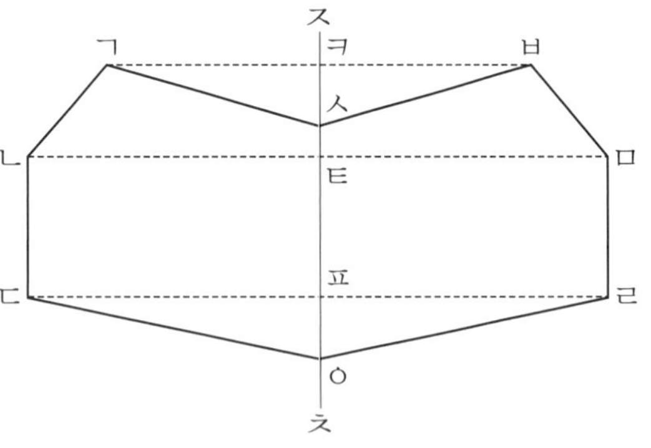

점대칭도형

질문 ❶ 점대칭도형을 모두 찾아 기호를 써 보세요.

가　　나　　다　　라　　마

질문 ❷ 점대칭도형을 보고 점대칭도형의 성질을 설명해 보세요.

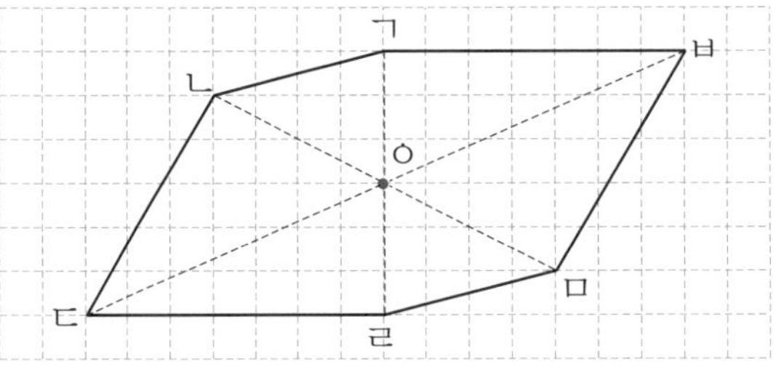

13 소수의 곱셈

(소수)×(자연수)

질문 ❶ 0.2×6을 0.1의 개수를 이용하여 계산해 보세요.

질문 ❷ 1.4×3을 소수를 분수로 고쳐서 계산해 보세요.

14 소수의 곱셈

(자연수)×(소수)

질문 ❶ 2×0.6을 소수를 분수로 고쳐서 계산해 보세요.

질문 ❷ 5×2.5를 5×25=125임을 이용하여 계산해 보세요.

15 소수의 곱셈

(소수)×(소수)

질문 ❶ 0.8×0.9를 자연수의 곱셈을 이용하여 계산해 보세요.

$$8 \times 9 = 72$$

$\frac{1}{10}$배, $\frac{1}{10}$배, □배

$$0.8 \times 0.9 = \square$$

질문 ❷ 1.5×1.2를 소수를 분수로 고쳐서 계산해 보세요.

직육면체와 정육면체

질문 ❶ 직육면체와 정육면체를 보고 빈칸에 알맞은 수나 말을 써넣으세요.

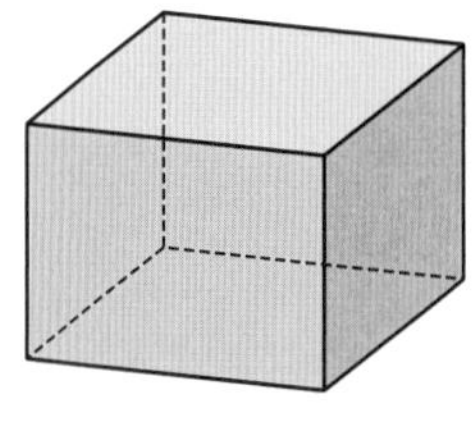
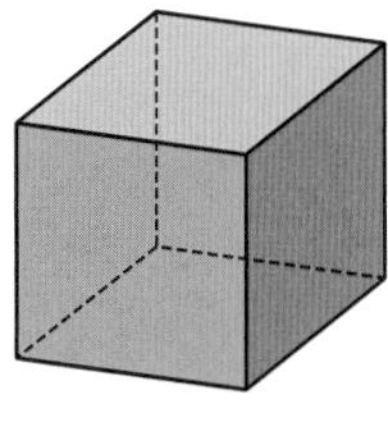

	면의 모양	면의 수	모서리의 수	꼭짓점의 수
직육면체				
정육면체				

질문 ❷ 직육면체와 정육면체의 공통점과 차이점을 찾아보세요.

17 직육면체

직육면체의 성질

질문 ❶ 그림을 보고 직육면체의 밑면은 모두 세 쌍임을 설명해 보세요.

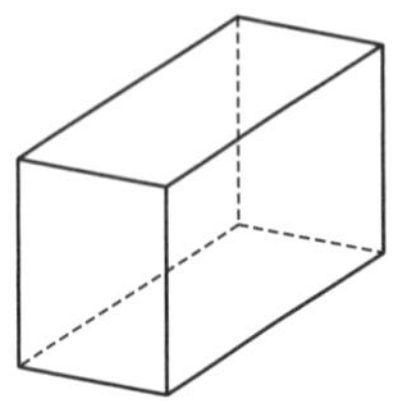

질문 ❷ 직육면체를 보고 다음 면을 모두 찾아보세요.

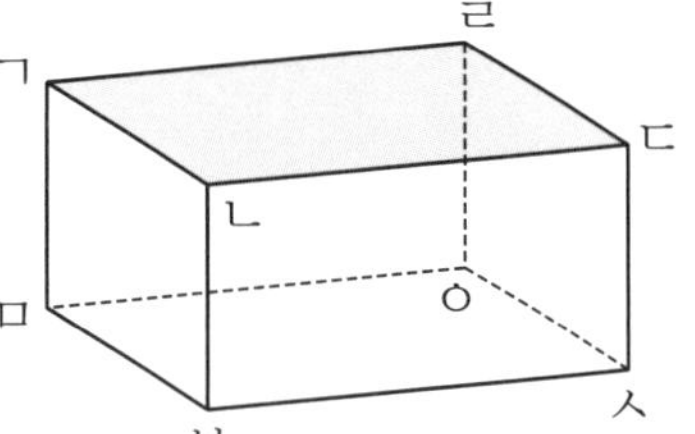

(1) 면 ㄱㄴㄷㄹ과 평행한 면

(2) 면 ㄱㄴㄷㄹ과 수직인 면

18 직육면체

직육면체의 겨냥도

질문 ❶ 직육면체를 여러 방향에서 관찰했을 때 보이는 직육면체의 면의 개수를 세어 빈칸에 알맞은 기호를 써넣으세요.

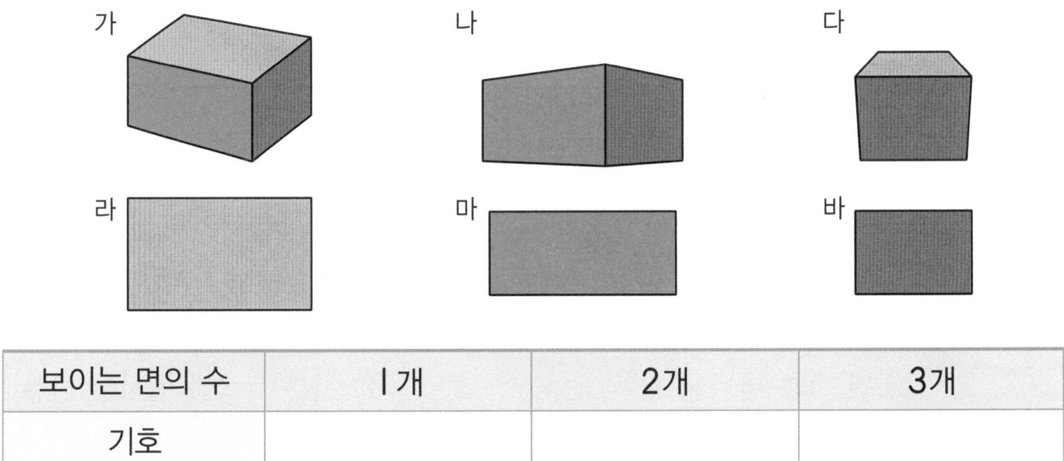

보이는 면의 수	1개	2개	3개
기호			

질문 ❷ 그림에서 빠진 부분을 그려 넣어 직육면체의 겨냥도를 완성해 보세요.

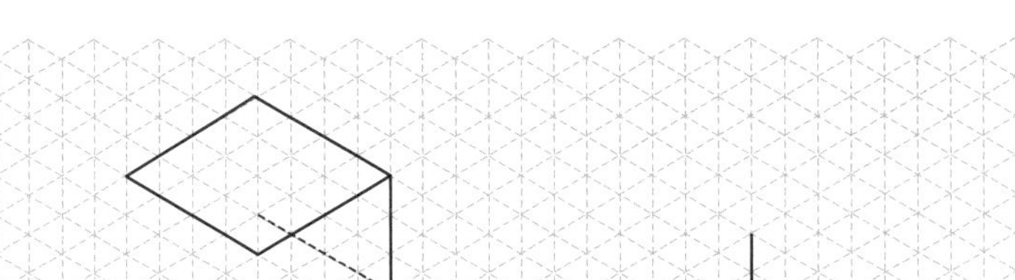

19 정육면체의 전개도

직육면체

질문 ❶ 전개도를 접어서 정육면체를 만들었습니다. 다음 점, 선, 면을 각각 찾아보세요.

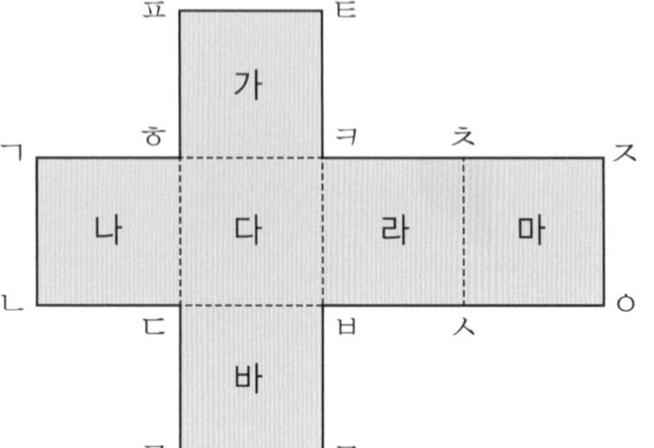

(1) 점 ㄱ과 만나는 점

(2) 선분 ㄱㄴ과 겹치는 선분

(3) 면 가와 평행한 면

(4) 면 다와 수직인 면

질문 ❷ 전개도를 접었을 때 정육면체가 만들어지는지 설명해 보세요.

(1)

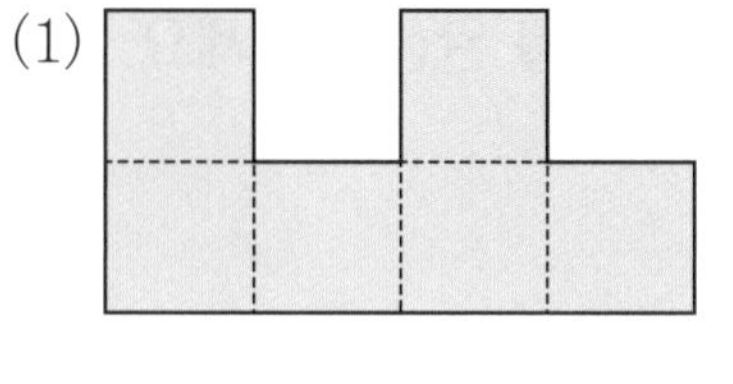

(2)

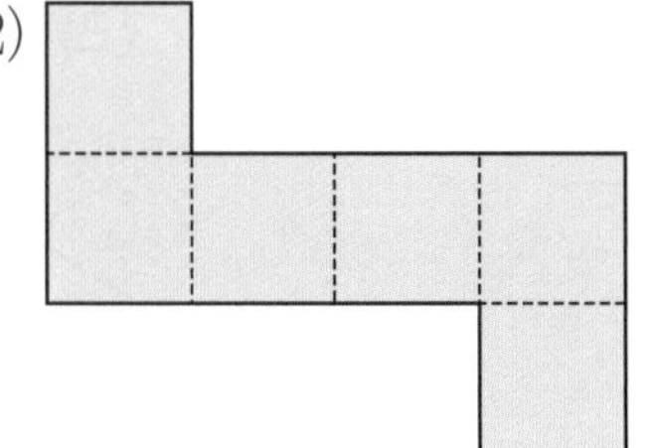

20 직육면체의 전개도

직육면체

질문 ① 직육면체의 전개도를 보고 물음에 답하세요.

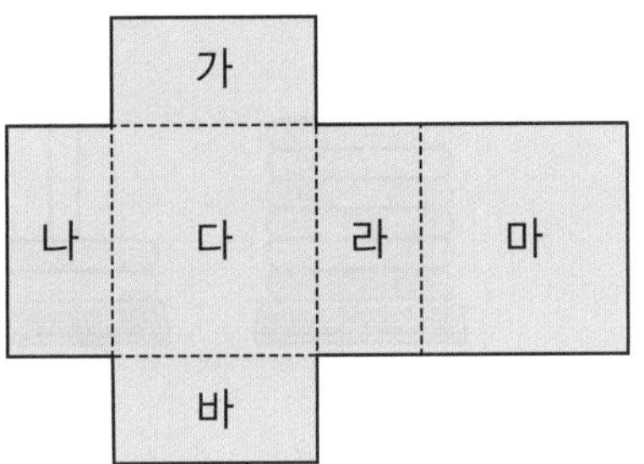

(1) 면 마와 평행한 면을 찾아 기호를 써 보세요.

(2) 면 나와 수직인 면을 찾아 기호를 써 보세요.

질문 ② 직육면체를 보고 전개도를 그려 보세요.

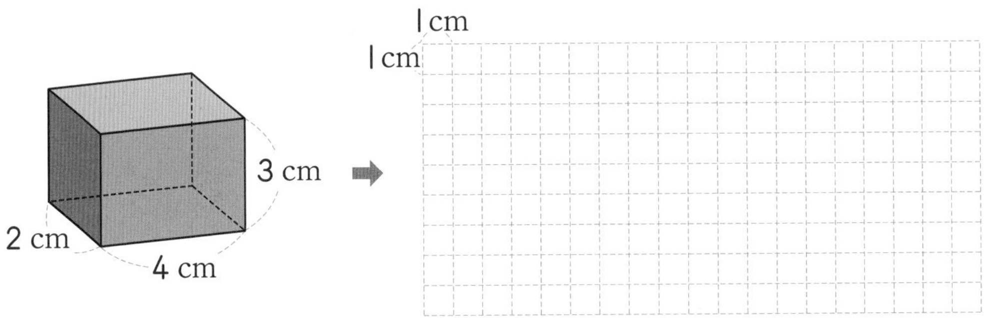

평균

질문 ① 고리를 옮겨 고리의 개수의 평균을 구해 보세요.

질문 ② 자료의 평균을 구해 보세요.

9　　6　　7　　10

질문 ❶ 우리 반에서 도서 대출을 가장 많이 한 모둠을 찾고, 그 과정을 설명해 보세요.

모둠 친구 수와 대출한 도서의 수

	모둠 1	모둠 2	모둠 3	모둠 4	모둠 5	모둠 6
모둠 친구 수(명)	4	4	4	5	5	5
대출한 도서의 수(권)	24	44	28	25	50	45

질문 ❷ 5일 동안 섭취한 열량의 평균이 2000 kcal일 때, 금요일에 섭취한 열량을 구해 보세요.

요일	월	화	수	목	금
열량(kcal)	1950	1900	2100	2150	

23 일어날 가능성

질문 ❶ 일어날 가능성을 생각하여 알맞은 곳에 ○표 해 보세요.

	불가능하다	~아닐 것 같다	반반이다	~일 것 같다	확실하다
(1) 동전을 던지면 숫자 면이 나올 것입니다.					
(2) 주사위를 굴리면 주사위 눈의 수가 1 이상 5 이하로 나올 것입니다.					
(3) 빨간색 구슬만 5개가 들어 있는 주머니에서 꺼낸 구슬은 파란색일 것입니다.					
(4) 동전을 세 번 던지면 세 번 모두 그림 면이 나올 것입니다.					
(5) 노란색 구슬만 1개가 들어 있는 주머니에서 꺼낸 구슬은 노란색일 것입니다.					

질문 ❷ 1부터 6까지의 눈이 그려진 주사위를 한 번 던질 때 다음 주사위 눈의 수가 나올 가능성을 수로 표현해 보세요.

(1) 1 이상인 수

(2) 짝수

(3) 홀수

(4) 7 이상인 수